電子小黒板完全ガイド

国土交通省写真管理基準（案）完全準拠

i-conリサーチセンター編

日刊建設通信新聞社

CONTENTS

	はじめに	006
1章	電子小黒板の今	009
	公共工事におけるi-Conと電子小黒板について	010
	小黒板の電子化対応と課題	024
	インタビュー・電子小黒板、日建連の取り組み	041
2章	電子小黒板の基礎	047
3章	ユーザーレポート	061
	大林組	062
	大成建設	072
	協和エクシオ	081
4章	電子小黒板の使い方	085
	基礎編	086
	応用編	127
5章	資料	149
	電子小黒板アプリ12選	150
	施工者のための電子小黒板導入ガイド	163

はじめに

　日本全体の生産年齢人口の減少は、とりわけ建設業界に人材不足という形で深刻な影響をおよぼしています。従事者の高齢化と若手の減少により、ものづくりの根幹をなす建設現場の生産性向上は、建設業界が対処すべき喫緊の課題となり、企業規模を問わずに各社がその対応に追われています。そのなかで、国土交通省が推進するｉ-ＣｏｎｓｔｒｕｃｔｉｏｎなどＩＣＴを活用した業務改革が、こうした労働力の減少に対する有効な打開策のひとつとして急速に広まりつつあるところです。

　そうしたＩＣＴ普及のカギとなるのは、業務効率化による作業時間の短縮とＩＣＴに対応したワークフローへの移行です。多忙を極める

建設現場において新技術の導入・修得は容易ではなく、限られた時間の中で業務改善しなければなりません。いかにこのハードルを越えるかが最大のポイントであり、早く簡単に、目に見える効果をすぐに出せることが重要となります。工事黒板の撮影や工事写真の管理を電子化する『電子小黒板』は、そうしたニーズに応える画期的な技術として注目されています。

　電子小黒板は広く普及したスマートフォンやタブレット端末を使うため、わずかな費用で簡単に業務を効率化することができ、写真の見栄えもよくします。例えば、これまで数人で行っていた工事写真の撮

影を1人でこなせるほか、工事写真を台帳ファイルに収納する「自動仕分け機能」により、書類の作成時間の大幅な短縮を可能にしました。時間と手間を圧倒的に短縮するため、建設現場の〝働き方改革〟に大きく貢献するでしょう。

　建設現場において工事写真の撮影は、工種を問わずあらゆる業務で行い、工事の経過や品質を証明する重要な資料になります。国土交通省が直轄工事の使用を認め、工事写真の「改ざん検知機能」を公表したことで、全国の地方自治体でも導入が進んでいます。元請け、専門工事会社でも電子小黒板に対する関心が一気に高まっています。

　本書は、一般的な機能や操作方法に加え、国土交通省の施策の動向や、施工各社のICT推進部門による社内展開の工夫、実際の現場での活用術などを紹介し、電子小黒板の導入から活用段階までのガイドブックを目指しました。本書が全国の土木・建築工事の環境改善に貢献できれば幸甚です。

　最後に、本書の編集・発行に多大な協力をいただいた国土交通省大臣官房技術調査課、日本建設情報総合センター（JACIC）、日本建設業連合会、各企業・現場の皆さま、電子小黒板のベンダー各社に厚く御礼申し上げます。

1章

電子小黒板の今

電子小黒板は、建設業の生産性革命の切り札として、業界から大いに注目をあびています。国土交通省は、2017年4月発注分の工事から電子小黒板の運用を開始しました。本章では電子小黒板の歴史と現状について紹介します。

公共工事における
i-Constructionと電子小黒板について

国土交通省大臣官房技術調査課　工事監視官　矢作智之

　我が国の人口は、2008年の約1億2,800万人をピークに減少に転じ高齢化が進んでいます。

　一方で、我が国の建設投資額（図①）は、1992年度の約84兆円をピークに減少し、2010年度にはその5割以下となる約41兆円まで落ち込みました。その後は増加に転じ、2016年度はピーク時と比較し6割の水準である約52兆円となっています。そのうち、12年連続で減り続けてきた公共事業予算（図②）は、2012年度で下げ止まり、2014年以降の当初予算は約6兆円となっています。このような社会情勢のなか、持続的な経済成長を遂げていくためには、働き手の減少を上回る生産性の向上や、新たな需要の掘り起こしを図っていくことが必要です。

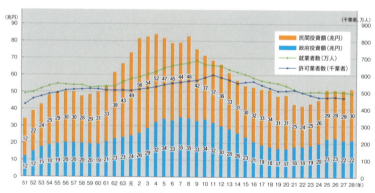

図①　建設投資額の経年変化

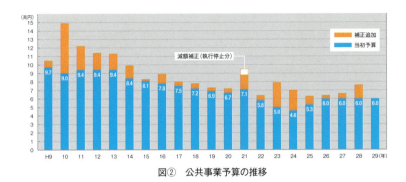

図② 公共事業予算の推移

　現在、建設現場で働いている技能労働者(図③)約330万人(2015年時点)のうち、1／3に当たる約110万人が今後10年間で高齢化などにより離職する可能性が高く、現在の水準の生産性では建設現場は成り立たないと考えられます。さらには、29歳以下の若手の割合は1割程度(図④)となっており、これからの建設現場を支えていく重要な働き手が少ない状況です。

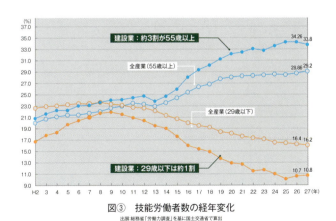

図③ 技能労働者数の経年変化

出展:総務省「労働力調査」を基に国土交通省で算出

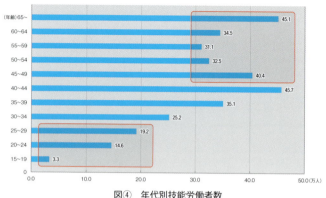

図④　年代別技能労働者数

　近い将来、建設業のみならず多くの業界で人手不足が生じることが懸念されるなか、少ない人手でも従来と同じ量の仕事ができるように、それぞれの産業の力をつけていくためにも生産性の向上が不可欠です。また、生産性の向上を図ることは、各産業の働き方改革にもつながり、将来の担い手を確保する観点からも非常に重要です。

　そのため、国土交通省では、2016年3月に「国土交通省生産性革命本部」を設置し、生産性革命プロジェクトとして「i-Construction」の推進に取り組み、2016年を生産性革命「元年」、2017年は、生産性革命「前進の年」とし、これらのプロジェクトをさらに進めています。

i-Constructionの推進

　国土交通省では、「i-Construction」を推進するために、調査・測量から設計、施工、検査、維持管理・更新までのすべての建設生産プロセスでICTなどを活用し、建設現場の生産性を2025年度までに2割向上させることを目指しています。（図⑤）

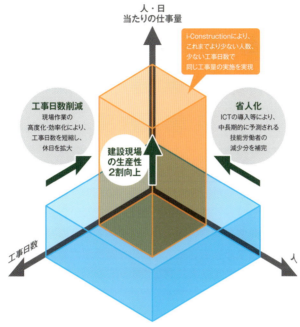

図⑤ 「i-Construction」生産性向上の概念

　2016年は、まず始めにトップランナー施策として、以下の3つについての取り組みを開始しました。

ICTの全面的な活用（ICT土工）

　測量や検査時にUAV（ドローン等）などによる3次元データ計測結果を活用し、施工段階において、自動制御が可能なICT建機を活用するなど、全ての建設生産プロセスで3次元データとICT建機を一貫して活用する取り組みです。これらにより、現場作業の大幅な省力化・効率化等が可能となります。

　また、2017年度からは舗装工についてもICTを活用しています。

全体最適の導入（コンクリート工の規格の標準化等）

　コンクリート工全体の生産性向上を図るため、全体最適の導入、現場打ちコンクリート、プレキャスト製品それぞれの特性に応じた要素技術の一般化及びサプライチェーンマネジメントの導入に向けて、以下の検討を進めます。

- ユニット鉄筋などの活用による現場作業の屋内作業化、定型部材を組み合わせた施工への転換を図るため、部材の規格（サイズや仕様等）の標準化を検討します。
- 新技術の導入や施工の自由度を確保するため、仕様規定ではなく創意工夫が活用できる性能規定型の規格への転換、及び性能規定とした場合のコンクリート構造物等の検査方法を検討します。
- 工期短縮や安全性、品質の向上など、コスト以外の観点で優れ、生産性の向上に資する技術、工法の採用を進めるため、これらの性能を総合的に評価する手法を検討します。
- コンクリート工において、調達、製作、運搬、組立等の各工程の改善、より効率的なサプライチェーンマネジメントの導入を検討します。

施工時期の平準化

　施工時期の平準化については、人材や機材の効率的な活用による生産性の向上や労働環境の改善等の効果が期待できます。

　このため、国土交通省では、工事の早期発注や、これまで単年度で実施していた工期12カ月未満の工事についても、2カ年国債を設定して、年度をまたいで工事を発注する等の取り組みを進めています。

　工事の早期発注については、2016年1～3月の新規工事契約件数は、前年同時期に比べて約1.3倍になっており、閑散期の工事の落ち込みが一定程度改善される見込みです。

　2カ年国債については、2015～16年度は約200億円だったものを、2016～17年度では約700億円に、2017～18年度では約1,500億円

に拡大しています。また、いわゆるゼロ国債を当初予算において初めて計上し、さらに平準化を進めていくこととしたところです。

これらの取り組みは、地方公共団体にも広げることが重要です。このため、国土交通省と総務省で連携し、各都道府県・政令市に対しても、施工時期の平準化に向けた計画的な事業執行について要請を行うとともに、国や都道府県、全ての市町村等から構成する「地域発注者協議会」等の場を活用しながら、国や地方公共団体等の発注機関が連携して平準化の取り組みを進めていきたいと考えています。

工事現場の写真管理

現在、国土交通省では、土工や舗装工におけるICT活用の推進にあたり、新たな積算基準や施工管理基準等の策定をすすめています。

建設現場における生産性向上に向けて、あらゆるプロセスにおいて省力化・効率化を図り、従来の基準に縛られず、新たな技術を取り入れて作業環境の改善を図ることが、今後、若手を含めた担い手の確保につながるものと期待されています。

その一つとして、工事写真については、工事目的物の出来形や品質の確保を目的として、これまでの経験や実績等に基づき、厳格な施工管理や適正な品質の確保を図るため、「写真管理基準（案）」が定められています。これに基づき、各施工段階に応じた施工管理の手段として、施工段階及び工事完成後明視できない箇所（不可視部分）の施工状況、出来形寸法、品質管理状況、材料確認等を撮影した写真は、工事写真として記録に残され、完成検査時等における重要な書類となります。

しかし、国土交通省発注の工事では、工事写真を含めた工事関係書類の多さについて、現場技術者から改善の要望が多いのが現状です。現場技術者の労働時間の短縮にもつながることから、工事書類の簡素化に向け、基準類の見直しにより作成する書類を削減するとともに、

工事の写真帳を含めて作成書類の電子化などに積極的に取り組んでいるところです。

　また、受発注者間の書類のやりとりや、日程調整などについて、グループウェアなどの情報共有システムを活用して業務の効率化を図るものとして、基本的にすべての工事を対象に取り組んでいるところであり、工事写真についてもデジタル化により受発注者間の提出・協議に必要な書類の電子化の一環として情報共有システムの利用も可能となり、作業時間の短縮など効率化が図られることとなります。

参考　写真管理基準（抜粋）
工事写真の分類
- 着手前及び完成写真（既済部分写真等含む）、施工状況写真
- 安全管理写真
- 使用材料写真
- 品質管理写真
- 出来形管理写真
- 災害写真
- 事故写真
- その他（公害、環境、補償等）

撮影方法
　写真撮影にあたっては、以下の項目のうち必要事項を記載した小黒板を文字が判読できるよう被写体とともに写しこむものとする。
- 工事名
- 工種等
- 測点（位置）
- 設計寸法
- 実測寸法
- 略図

近年の工事現場におけるICT活用等に伴い策定された基準類

- 「TSを用いた出来形管理要領(土工編)」
- 「TS(ノンプリズム方式)を用いた出来形管理要領(土工編)」
- 「RTK-GNSSを用いた出来管理要領(土工編)」
- 「レーザースキャナーを用いた出来形管理要領(土工編)」
- 「空中写真測量(無人航空機)を用いた出来形管理要領(土工編)」
- 「無人航空機搭載型レーザースキャナーを用いた出来形管理要領(土工編)」
- 「レーザースキャナーを用いた出来形管理要領(舗装工事編)」
- 「TSを用いた出来形管理要領(舗装工事編)」

写真の省略

- 品質管理写真について、公的機関で実施された品質証明書を保管整備できる場合は、撮影を省略するものとする。
- 出来形管理写真について、完成後測定可能な部分については、出来形管理状況のわかる写真を工種ごとに1回撮影し、後は撮影を省略するものとする。
- 監督職員または現場技術員が臨場して段階確認した箇所は、出来形管理写真の撮影を省略するものとする。

写真の編集等

写真の信憑性を考慮し、写真編集は認めない。ただし、『デジタル工事写真の小黒板情報電子化について』に基づく小黒板情報の電子的記入は、これに当たらない。

撮影の仕様

- 写真はカラーとする。
- 有効画素数は小黒板の文字が判読できることを指標とし、縦横比は3:4程度とする。(100万〜300万画素程度=1,200×900ピクセ

ル程度～2,000×1,500ピクセル程度）

撮影の留意事項
- 「撮影項目」、「撮影頻度」等が工事内容に合致しない場合は、監督職員の指示により追加、削減するものとする。
- 施工状況等の写真については、ビデオ等の活用ができるものとする。
- 不可視となる出来形部分については、出来形寸法（上墨寸法含む）が確認できるよう、特に注意して撮影するものとする。
- 撮影箇所がわかりにくい場合には、写真と同時に見取り図（撮影位置図、平面図、凡例図、構造図など）を参考図として作成する。
- 撮影箇所等については監督職員と写真管理項目を協議のうえ取り扱いを定めるものとする。

整理提出
　撮影した写真原本を電子媒体に格納し、監督職員に提出するものとする。写真ファイルの整理及び電子媒体への格納方法（各種仕様）は「デジタル写真管理情報基準」に基づくものとする。

工事写真のデジタル化

　国土交通省発注工事における工事写真については長い間、銀塩フィルムによる撮影が一般的でした。1980年代に入り一般向けのデジタルカメラが開発されたものの、当初は価格も非常に高価であり、なかなか普及しませんでした。その後、パソコンやインターネット等が普及すると、デジタルカメラも低価格化、軽量化、高機能化し急速に普及が進みました。現在では、スマートフォンなど個人の携帯電話に至るまでデジタルカメラは普及しています。

　工事写真についても、デジタル写真が一般化され、写真帳の編集作業の効率化やその場での写真の確認が容易になった一方で、『電子媒

体に記録された工事写真の無断修正防止対策について』（2006年3月）により監督・検査時の確認、専門家による定期的な抜き打ち検査を実施するなど、実施にあたって発注者側の監督職員や検査職員へ負荷がかかっています。また、受注者側においても、工事写真の撮影時に小黒板を掲載する人員の確保、重機との輻輳等の安全性確保に留意する必要があり、受発注者双方において効率化を図る必要があります。

　これまでの工事写真の撮影にあたっては、写真管理基準（案）に基づき、目的別に被写体と一緒に必要項目を記載した小黒板を写し込むものとされており、現場での黒板への記入作業（図⑥）や小黒板に記載した文字が判読できる状況（図⑦）での撮影も現場での苦労の一つとなっています。

　また、写真の撮影にあたっては、現場における天候や明るさ（光度）、被写体の大きさなど、小黒板の文字を判読できる距離を考慮しつつ、撮影ポイントやアングルまで留意する必要があるため、現場の技術者にとってはある程度の経験を要する技術となっています。

図⑥　現場での黒板記入

図⑦　小黒板の記載例

工事小黒板の電子化

　これまで、工事写真自体については、デジタル化が急速に進んだものの、目的に応じた被写体と一緒に写し込むことを基準としていた小黒板については、黒板情報の現場での書き込みや、的確な撮影のアングルと黒板の配置の適正化を図る観点から黒板を持つ手もと（作業員）を確保（図⑧）する必要があるなど、効率化の観点からは改善の余地が十分にあります。

図⑧　手元の確保と安全確保

　しかし、デジタル写真については、その画像の編集も容易である事から、一部の工事写真において不適切な加工が行われた事例（図⑨）が発覚するに至った経緯もあり、小黒板情報の電子化についてもデジタル写真の信憑性を確保する技術の確立が必要となりました。

図⑨　デジタル写真の不適切な加工状況（左が加工前）

　これまで、国土交通省としてはデジタル工事写真については、「電子媒体に記録された工事写真の無断修正防止対策について」（2006年3月）に基づき、監督・検査時の確認を行ってきましたが、近年に

おけるデジタルカメラやモバイル機器の高機能化により、工事写真の撮影にあたっても、改ざん防止対策を十分備えたうえでこれらの技術の応用が望まれます。

このため、小黒板情報の電子化については、2013年度より国土交通省の発注工事において、実証実験を行いながら適用性を検証するとともに、計測機器やソフトウェアの開発・改善を行い、被写体画像の撮影と同時に工事写真における小黒板の記載情報の電子的記入および、工事写真の信憑性確認を行うものとして、「デジタル工事写真の小黒板情報電子化について」(2017年1月) に基づき、工事現場における適用を可能としました。

小黒板の電子化適用の流れ

受注者

1. 対象工事で使用する機器を発注者へ提示
2. 機器を用いて工事写真撮影と小黒板情報の電子的記入
3. 小黒板情報の電子的記入を行った工事写真、チェックツールによるチェック結果を発注者へ納品

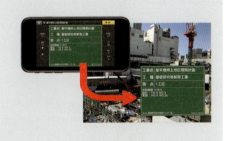

1. 対象機器の導入

デジタル工事写真の小黒板情報電子化の導入に必要な機器・ソフトウェア等(以降、「使用機器」とする)については、写真管理基準(案)「撮影方法」に示す項目の電子的記入ができること、かつ信憑性確認(改ざん検知機能)を有するものを使用することとする。

なお、信憑性確認(改ざん検知機能)は、「電子政府における調達のために参照すべき暗号のリスト(CRYPTREC暗号リスト)」(https://

www.cryptrec.go.jp/list.html)に記載している技術を使用していること。

また、受注者は監督職員に対し、工事着手前に、本工事での使用機器について提示するものとする。

2．デジタル工事写真における小黒板情報の電子的記入

デジタル工事写真を撮影する場合は、被写体と小黒板情報を電子画像として同時に記録してもよいことになっています。小黒板情報の電子的記入を行う項目は、写真管理基準（案）「撮影方法」による。従来の工事写真撮影では、小黒板に実測値や撮影箇所などの必須事項をチョークで書き、撮影する写真に被写体として支障にならない位置に設置していました。電子小黒板は、従来の小黒板に記載していた撮影箇所（測点）や工種、種別、略図などを電子化し、撮影時に写し込んで撮影する新たな写真撮影手法です。

3．小黒板情報の電子的記入を行った写真の納品

小黒板情報の電子的記入を行った写真を、工事完成時に納品する際、http://www.cals.jacic.or.jp/CIM/sharing/index.htmlからダウンロードできるチェックツール（信憑性チェックツール）または同様のチェックシステムを搭載した写真管理ソフトウェアや工事写真ビューアソフトを用いて、小黒板情報電子化写真の信憑性確認を行い、その結果を併せて提出するものとする。

今後の展望

デジタル工事写真における小黒板情報の電子化については、2017年2月より全国の工事に適用すべく取り組みを開始したところで、今後、多くの実施事例を収集・分析しつつ、新たな技術開発等にも注視しながら更なる改善手法等について検討していく予定です。

現状においては、カメラの性能に依存するため、照明の不足する現場環境のトンネルや地下、夜間の利用に対しては活用が難しいことや、湿気や粉じん等の多い場所においては機器の故障、写真の鮮明度に問題が発生しやすいなど、改善すべき事項も残されており、従前の小黒板方式との併用も認めている状況です。

　また、近年におけるシステムや情報通信に係る技術開発の動きは、様々な分野での応用も期待されているところであり、工事写真に係る新たな技術革新も十分に期待されるところでありますが、当面は、工事写真のデジタル化に伴う分野として、工事完成図書の電子納品システムとの連携や映像など写真に替る新たな技術の応用についても視野に入れつつ、更なる検討を進めていく予定でおります。

小黒板の電子化対応と課題

(一財)日本建設情報総合センター(JACIC)建設情報研究所　研究開発部　影山輝彰

　情報通信技術（ICT：Information and Communication Technology）は世界中で著しい発展を遂げ、日々の生活に寄り添った不可欠な技術になっています。国土交通省が進める「i-Construction」では「ICTの全面的な活用」を掲げ、建設生産システム全体の生産性向上を図り、魅力ある建設現場を目指す取り組みを始めています。これらを背景に土木分野では、測量におけるGPS（Global Positioning System）、UAV（Unmanned Aerial Vehicle）やドローンの活用、ICT土工におけるMC（Machine Control）やMG（Machine Guidance）、現場計測へのレーザスキャナなどの使用が普及しつつあります。さらに、2013年度よりモバイル機器の高機能化と軽量化を鑑みて実施した、写真管理業務の効率化に関する試行工事の成果（図①）を踏まえ、2017年1月30日「国技建管第10号デジタル工事写真の小黒板情報電子化について」を通知しました。これにより全ての現場で実施しているであろう「工事写真管理」に劇的な変化が訪れました。「デジタル工事写真の小黒板情報電子化」は、受発注者双方の業務効率化を目的に、現場撮影の省力化や写真整理・写真帳管理の効率化及び信憑性の確保を図るものです。そこで、デジタル工事写真の小黒板情報電子化に従い工事写真管理の更なる効率化を実施するため、デジタルカメラの誕生と進化及び『写真管理基準（案）』などの基準類の関係と押さえておきたいポイントを概説します。そして、小黒板情報電子化による業務効率化の有用性と課題について解説します。

1章 電子小黒板の今

従来の写真管理業務内容		モバイル機器の活用イメージ

- 従来の写真管理業務内容：
  - 黒板に管理情報や品質・出来形の数値を書き込みデジタルカメラで撮影
  - ↓
  - 撮影時に管理情報や数値を手書き
    - ●写真区分
    - ●工種／種別／細別
    - ●撮影項目、撮影時期
    - ●撮影箇所（測点等）
    - ●品質・出来形の計測数値
  - パソコンに写真データを取り込み、写真上の黒板を読みながら、写真管理情報を手入力し整理
  - ↓
  - 品質管理や出来形管理用のソフトウェアに計測数値を入力し整理
  - ソフトウェアを使って品質・出来形管理図表を作成

- モバイル機器の活用イメージ：
  - モバイル端末で、管理情報を入力し撮影。計測値を記録（1人でも撮影可能）
  - ↓
  - 写真データに情報を付与
    - ●写真区分（選択入力）
    - ●工種／種別／細別（選択入力）
    - ●撮影（計測）項目／時期（選択入力）
    - ●撮影（計測）年月日（自動入力）
    - ●撮影箇所（GPS等からの自動入力）
    - ●計測値（自動/手動入力）
  - ↓
  - ソフトウェアを使って品質・出来形管理図表を作成

（計測／小黒板記入の省略／ソフトウェアとの連携による重複作業の排除）

➡ **成果品として納品・提出** ⬅

図① モバイル機器を活用した写真管理業務の効率化

デジタルカメラの誕生と遷移

1975年12月に米イーストマン・コダック社の開発担当者Steve Sassonが世界初のデジタルカメラ（Digital Still Camera）を発明しました（図②）。重量は3.6kgあり、0.01メガピクセルの白黒画像をカセットテープに23秒で記録するものでした。

総務省の調査[※1]によれば、日本におけるデジタルカメラの人口普及率は、調査が開始された2002年の22.7%を皮切りに急激な増加を示

図② 世界初のデジタルカメラ
出展http://www.fastcodesign.com/1663611/how-steve-sasson-invented-the-digital-camera-video

※1 総務省 主要耐久消費財の普及率の推移（二人以上）の世帯

し、2013年に77.0%のピークを迎えました。その後、タブレット型端末の出現と普及などにより、徐々に低下しています（図③）。

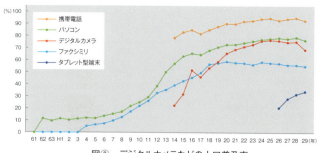
図③　デジタルカメラなどの人口普及率

　デジタルカメラの機能の進化に着目すると、昭和63年に画像をデジタル方式で記録する世界初の一般向けデジタルカメラ「FUJIXDS-1P」が富士フィルムより発売されました。これ以前のデジタルカメラは、磁気メディアであるフロッピーディスクに、静止画をアナログ形式で記録し再生する方式が主流だったのに対して、「FUJIXDS-1P」はICカードにデジタル形式で保存でき、2メガバイトのSRAMに5〜10枚の写真の記録することができました。1994年には、カメラとしては初めての動画記録機能を装備した「DC-1」がリコーより発売されました（図④）。

図④　DC-1（1995年リコー社製）
出典 http://jp.ricoh.com/company/history/pdf/1985_1999/199505.pdf

　デジタルカメラの登場は、写真をその場で確認したり、インターネットを使用して転送したり、写真を加工するなど、これまでの銀塩写真では非常に難しかったことが簡易にでき、画期的なことでした。

　パソコンやインターネットの利用が急激に増え始めた1990年代以降はデジタルカメラの普及が進み、市場拡大を伴った熾烈な競争に

より性能は上昇、価格は低下しました。現在では、Bluetooth®などを利用した無線データ転送やGPS機能は無論のこと、工事現場向けに防水、防塵、耐冷、耐衝撃に加え、長時間駆動が実現されたデジタルカメラも誕生しています（図⑤⑥）。

図⑤ G800SE
（2014年リコー社製）
出典 https://industry.ricoh.com/dc/g/g800se/

図⑥ STYLUS TG-3 エー郎
（2014年オリンパス社製）
出典 https://olympus-imaging.jp/product/construction/kouichiro_tg3/

土木工事におけるデジタルカメラの使用と基準類

　土木工事における工事写真は、契約対象の工事目的物として検収の対象となる数量・単位を確認するために使用されます。国土交通省の土木工事における工事写真の管理は、『土木工事写真管理基準』に従い実施します。工事写真の撮影項目や箇所の計画、日々の管理、そして提出を行うため、土木工事写真管理基準と密接に関連する「工事数量総括表」などの契約図書や『土木工事共通仕様書』、『土木工事施工管理基準及び規格値』などの基準類との関係を概説しながら押さえておきたいポイントを説明します（図⑦）。なお、ここでは、国土交通省の一般土木に対して適用される基準類を基に説明しています。国土交通省の営繕・空港港湾関係や地方自治体においても考え方は同様ですが、別途の基準類を定めている場合もあるので留意してください。

	基準類	概要
1	工事数量総括表	契約図書の一部を構成するものであり、契約及び工事完成時において発注者が検収すべき施工量を表すもの。
2	土木工事共通仕様書	工事請負契約書及び設計図書の内容について、統一的な解釈及び運用を図るとともに、その他必要な事項を定め契約の適正な履行の確保を図るためのもの。
3	土木工事施工管理基準及び規格値	土木工事の施工について、契約図書に定められた工期、工事目的物の出来形及び品質規格の確保を図るもの。
4	土木工事写真管理基準	土木工事施工管理基準に定める土木工事の工事写真により管理(デジタルカメラを使用した撮影~提出)に適用するもの。
5	デジタル写真管理情報基準	写真(工事・測量・調査・地質・広報・設計)の原本を電子媒体で提出する場合の属性情報などの標準仕様を定めたもの。

図⑦　デジタル工事写真の扱いに関する基準類

1. 工事数量総括表と使用単位

　工事数量総括表は契約図書の一部を構成するもので、たとえば、工事数量総括表に記載された契約数量は、施工計画や施工管理項目を立案するための資料ともなり、工事完成時には、発注者が検収すべき施工量となります。また、工事内容に変更が生じた場合などは必要な契約数量も変更するなど契約上極めて重要な資料です。工事数量に使用する単位は、「積算用単位」ならびに「工事数量総括表用単位」の2種類が定義されています。積算用単位は、「積算計算書」において積算を行う際に用いる単位です。他方、「工事数量総括用単位」は、「工事数量総括表」に記載する単位で、契約上の単位です。両者は、工事目的物に対しては同一ですが仮設物に対して受注者の施工方法の任意性を阻害する恐れがある場合には〝式〟といった単位(=工事数量総括用単位)を使用します。他方、指定仮設など数量明示が必要な場合には「㎡」や「掛㎡」といった数量明示用の単位(=積算用単位)が用いられています。

　したがって、工事写真の撮影項目を立案する際には、工事数量総括

表に使用されている単位に留意する必要があります。数量明示用の単位が用いられている場合には、その契約内容が正しく履行されているかどうかを確認し、発注者が検収できる必要があります。受注者の施工方法の任意による場合には、状況写真を用いるのが一般的です。このように契約上の考え方の区別により、工事写真の撮影対象や内容が異なることを理解しておいてください。

2. 土木工事共通仕様書

土木工事共通仕様書は、土木工事、港湾工事、空港工事、その他これらに類する工事に係る、工事請負契約書及び設計図書の内容について、統一的な解釈及び運用を図るとともに、その他必要な事項を定め、もって契約の適正な履行の確保を図るためのものです。

受注者は、土木工事共通仕様書の適用にあたり「地方建設局請負工事監督検査事務処理要領」に従った監督・検査体制のもとで、建設業法第18条に定める建設工事の請負契約の原則に基づく施工管理体制を遵守しなければなりません。また、受注者はこれら監督、検査(完成検査、既済部分検査)にあたっては、予算決算及び会計令(2016年11月28日改正政令第360号)(以下「予決令」という。)第101条の3及び4に基づくものであることを認識しなければならないとされています。

工事写真に関する記述は、第1編 共通編 第1章 総則の「27.工事写真」に「工事写真とは、工事着手前及び工事完成、また、施工管理の手段として各工事の施工段階及び工事完成後目視できない箇所の施工状況、出来形寸法、品質管理状況、工事中の災害写真などを写真管理基準に基づき撮影したもの[1]」と定められています。

このように、土木工事共通仕様書は、契約に関わる事項の統一的な解釈と運用を記述したものです。工事写真に関する記述は少ないものの、土木工事の特性上「工事完成後に目視できない工事目的物」を主な対象にしています。

---

[1] 参考:国土交通省関東地方整備局土木工事共通仕様書(2017年版)

3. 土木工事施工管理基準及び規格値

　土木工事施工管理基準は、土木工事の施工について、契約図書に定められた工期、工事目的物の出来形及び品質規格の確保を図ることを目的とし、国土交通省地方整備局が発注する土木工事に適用されます。また、設計図書に明示されていない仮設構造物（工事数量総括表における工事数量総括用単位）は除くものとされています。工事写真に関して、「受注者は、工事写真を施工管理の手段として、各工事の施工段階及び工事完成後明視できない箇所の施工状況、出来形寸法、品質管理状況、工事中の災害写真などを土木工事写真管理基準により撮影し、適切な管理のもとに保管し、監督職員の請求に対し速やかに提示するとともに、工事完成時に提出しなければならない[※1]」と定められています。工事数量総括表に記載されている契約内容を土木工事施工管理基準及び規格値にあてはめて工事写真を撮影する項目や内容が定まることに留意する必要があります。

4. 土木工事写真管理基準

　現在、国土交通省直轄工事では、デジタル工事写真により監督職員の確認・立ち会いに加え、その出来形・品質ならびに、施工の実施状況などを確認することが当たり前の光景になっています。しかし、2005年度に、検査時に受注者が発注者に提出する工事写真の取り扱いについて、一部不適切な事例が見受けられたことから、写真などの原本を電子媒体で提出する場合には、明るさなど調整やパノラマ写真（2枚以上の写真を1枚に合成したもの）などは、受発注者で協議、決定した場合を含めて認められていませんでした。デジタル工事写真に小黒板情報を記入することが写真撮影の編集などに該当するか検討した結果、2017年1月30日付、国技建官第10号に基づき、小黒板情報の電子的記入はこれにあたらないとされました。

　土木工事写真管理基準の抑えておきたいポイントに写真管理項目があります。写真管理項目には、「撮影項目」、「撮影頻度（時期）」と「提

[※1] 参考：国土交通省関東地方整備局土木工事共通仕様書（2017年版）

出頻度」があります。撮影項目（何を）を撮影頻度（いつ）撮影する
かを定めているものであり、これに従い工事写真を撮影し整理提出し
ます。提出頻度は、土木工事共通仕様書の解釈に従えば、監督職員が
受注者に対し、または受注者が監督職員に対し工事写真を説明し、差
し出す頻度となります。

5．デジタル写真管理情報基準など

　デジタル工事写真の管理、提出に関する要領には、『デジタル写真
管理情報基準』と『電子納品等運用ガイドライン【土木工事編】』が
あります。これらの基準類は、写真管理ソフトウェアを販売するソフ
トウェア会社が製品を開発するにあたり準拠するものであり、工事写
真を撮影・管理する利用者において参照する必要性は低いものです。
なお、デジタル写真管理情報基準は、写真（工事・測量・調査・地質・
広報・設計）の原本を電子媒体で提出する場合の属性情報などの標準
仕様を定めたもので、電子納品等運用ガイドライン【土木工事編】は、
電子成果品の提出方法などを定めたものです。また、2016年3月よ
り工事写真は「工事書類（電子）」に区別され、「工事完成図書（電子
成果品）」ではなくなりました。

工事写真の効率化と信憑性向上への取り組み

工事写真の効率化と信憑性向上

　昨今のデジタルカメラやスマートフォンなどモバイル機器の高機能
化と普及により、銀塩フィルムを用いた工事写真は見受けられなくな
り、デジタルを用いた工事写真（デジタル工事写真）が一般化してい
ます。デジタルカメラで記録する画像ファイルなどに使用される撮影
情報の規格に「Exif[※1]」があります。Exifには、画像データの特性（色
空間情報や再生ガンマ）、日時、撮影条件やGPSによる位置情報など、
さまざまな情報を付与することができます。例えば、これまで、チョ

ークを使用して小黒板に記載していた、工事名、工種、測点（位置）などの情報を電子的にデジタルカメラで撮影した画像情報とともに保持することもできます。一方、デジタルカメラで撮影された画像は、従来の銀塩写真と比べ、画像の編集が容易であることに加え、これまでの土木工事写真管理基準とデジタル写真管理情報基準を確認する限り、小黒板に記載していた情報をデジタル工事写真に付与することが、写真編集に該当するかの扱いが決定していなかったので、その判断を現場の監督職員に委ねている状態でした。そこで、2011年に適切な技術を用いることで写真の原本性（改ざんの有無）と信憑性の向上に加え、画期的な業務効率化を実現することを目指し、（一財）日本建設情報総合センター（ＪＡＣＩＣ）が主催している助成研究事業[※2]の一環として、これらの課題を解決する研究を（株）リコーと共同で実施しました。助成研究の概要は、Exif2.3のAPP領域（アプリケーション側の自由記述領域）を活用し、写真の原本性（改ざんの有無）と信憑性の向上や位置情報（GPS）などに加え、従来、小黒板に記述していた工事の品質・出来形などに関わる情報（撮影対象物の撮影工種、実測値など）を構造化して、実写真単体でこれらの情報を保有する方法（メタデータ構造）を定義するものです。

　この助成研究によって得られた成果を活用して、2013年度に国土交通省直轄工事4件、翌年には、同59件で小黒板、GPS情報などを利用した業務効率化の試行し、効果と課題に対する解決策の検証が進められました。

デジタル工事写真の高度化に関する協議会

　国土交通省における検討状況を踏まえ、2014年8月25日に、ＪＡＣＩＣ研究開発部が主管となり、ソフトウェアベンダーやカメラメーカーなど7社の有志による「デジタル工事写真に関する勉強会（以下、「本勉強会」という）」が設立されました。デジタル工事写真に関する勉強会は、小黒板に記載すべき項目を写真撮影の時点でデジタル写真

※１　Exchangeable image file format for digital still cameras デジタルスチルカメラ用画像フォーマット規格（カメラ映像機器工業会）
※２　（一財）日本建設情報総合センター　第10回研究助成事業活動・報告．http://www.jacic.or.jp/josei/itiran.html

のExif情報に書き込み、小黒板を省略（電子化）するため、Exif情報への入力規則やデジタルカメラの仕様等の検討、国土交通省直轄工事における試行要領の策定に対する支援を行いました。

2017年1月30日、国土交通省より「国技建管第10号　デジタル工事写真の小黒板情報電子化について」が通知されたことにより、デジタル工事写真の撮影時に画像などの信憑性が確保できる場合に、小黒板の情報などを電子的に画像データに付与する「デジタル工事写真の小黒板情報電子化」が運用できるようになりました。国土交通省の運用を踏まえ、2017年4月に本勉強会は名称を「デジタル工事写真の高度化に関する協議会[※3]（以下、「本協議会」という）」に改めるとともに、その活動目標を「建設分野におけるデジタル工事写真を用いた業務の高度化、効率化を目指し、これらに関わる情報システムの調査研究、開発・改良及び運用・保守並びに建設情報の提供を行うとともに、これを広く普及することにより、建設技術の向上、建設事業の効率化、国土の安全かつ有効活用の促進を図り、もって国民生活の高度化及び経済の活性化に寄与すること」としました。

本協議会では、デジタル工事写真のExif情報に関するスキーマ及び、デジタル工事写真の信憑性確認（改ざん検知機能）に関する仕様の検討を行っています。デジタル工事写真のExif情報に関するスキーマに関する検討では、協議会に参加している各社が提供している「写真撮影アプリケーション」と撮影した写真を整理する「写真管理ソフトウェア」の連携に関する仕様を検討しています。2017年度中には、異なるソフトウェア間でのデジタル工事写真の連携・交換を実現できるソフトウェアが提供できる予定です。デジタル工事写真の信憑性確認（改ざん検知機能）に関する仕様の検討では、各社が提供するソフトウェアにその機能が適切に実装されているかを検定するものです。検定に合格しているソフトウェアには、ＪＡＣＩＣのホームページへの掲示のほか、ロゴマーク（図⑧）の表示を許諾しています。2017年7月現在、検定済みのソフトウェアは21社、40製品以上が提供され

※3　http://www.cals.jacic.or.jp/CIM/sharing/index.html

ています。

　信憑性の確認は、協議会に参加する各社が提供する「写真管理ソフトウェア」においても確認することができます。さらに、利用者向けのサービスとして、無償のビューワ（インストール版）とWeb版を提供しています。

図⑧　ロゴマーク

今後の展望

　工事写真の撮影はデジタルカメラを使用するのが当たり前になっています。しかし、撮影した写真を現場事務所に持ち帰りパソコンに取り込み、写真管理ソフトで整理するといった手間が必要となり、業務改善は従来の方法を部分的に効率化するものに限られていました。現場技術者がこのような業務に時間を費やしていては、残業時間の削減、まして週休二日の実現などできません。効率化や単純化できる作業はICTにより改善して、本来の技術者が携わるべき技術的判断や現場（臨場）に時間を費やすべきです。そこで考案し、提案してきたのが小黒板情報電子化の仕組みです。簡単にいえば、これはデジタルカメラ、スマートフォンやタブレットで、小黒板を使わずに工事写真を撮影し、一度付加した工種や測点などの情報を利用して、写真整理や成果品を作成するものです。冬季や雨天の現場においては小黒板にうまく文字や豆図が記入できません。法面作業では、風が吹くなか安全帯を付けて不安定な状態で撮影するときもあります。さらに、狭い足場では小黒板は邪魔になり、高所作業では強い風に小黒板が飛ばされる可能性もあります。しかし、これからは小黒板いらず、ポケットに入れたスマートフォンなどでパシャリと撮るだけです。業務の効率化だけでなく安全面も向上すると考えられます。現在、スマートフォンなどのタブレット機器は多くの技術者が所有し、

工事写真アプリや写真管理システムも揃っているので普及に時間はかからないと考えています。しかし、これは「絶対にこれでやらなければならない」というものではありません。トンネル工事や水中工事など、従来方式の方がよい場合も多々あり、適材適所で選択すればよいでしょう。現場へのICT導入の流れは今後ますます加速して行くでしょう。業務の効率化は、現場技術者が明日からできて、すぐに効果を実感できる身近で寄り添った小さな改善が重要であると考えています。この技術が普及することで、更なる現場の効率化と現場管理の高度化に寄与することができると考えています。現在はその中心にデジタルカメラを据えていますが、今後はレーザやデプスセンサーなどセンサー技術の低価格化により現場を計測できる技術は多様化し、進化していくことは必然であると考えています

	展望	概要
1	新たな情報化施工分野の創出	機器の計測情報と連動し、管理情報(測定時間、測定位置、写真(臨場))などを一元管理。
2	品質・出来形管理と写真管理の連動	品質・出来形管理と写真管理との相互リンクが可能(整合性、検索性の向上→電子検査)。
3	管理情報に基づく自動整理と共有	撮影と同時に写真整理が完了する。災害時における情報の収集システムの簡易構築(バックアップ機能)。

図⑨　今後の展望

資料

デジタル工事写真の高度化に関する協議会
参加企業(27社　2017年7月31日時点)

正会員	賛助会員
株式会社アウトソーシングテクノロジー	有限会社エムディ
NECソリューションイノベータ株式会社	株式会社大林組
株式会社h2ワークス	合同会社シーサイドソフト
株式会社演算工房	株式会社竹中工務店
応用技術株式会社	株式会社ツールズ
オリンパス株式会社	株式会社ビッグブラザーズシステム
川田テクノシステム株式会社	株式会社Booth
株式会社建設システム	株式会社レゴリス
株式会社現場サポート	株式会社キャパ
コンコアーズ株式会社	
株式会社システムイン国際	
太陽工業株式会社	
ダットジャパン株式会社	
株式会社ピースネット	
福井コンピュータ株式会社	
リコー株式会社	
株式会社ルクレ	
株式会社ワイズ	

デジタル小黒板情報電子化　運用状況調査結果

調査時期、方法
- 調査時期：2017年11月30日時点
- 調査方法：電話または、対面などによる調査
「使用可能」「協議により使用可能」「検討中・未定」

調査結果
中央官庁

中央省庁など	運用状況	備考
国土交通省(一般土木)	使用可能	2017年2月1日以降
国土交通省(営繕)	使用可能	2017年4月1日以降
国土交通省(港湾)	使用可能	2017年6月14日以降
国土交通省(空港)	検討中・未定	
独立行政法人 水資源機構	検討中・未定	
日本下水道事業団	検討中・未定	
NEXCO東日本	使用可能	工事記録写真等撮影要領 2017年7月
NEXCO中日本	使用可能	工事記録写真等撮影要領 2017年7月
NEXCO西日本	使用可能	工事記録写真等撮影要領 2017年7月
東日本旅客鉄道	使用可能	2017年4月24日以降 施設関係の工事写真撮影業務

都道府県、政令指定都市

都道府県	運用状況	備考
北海道	使用可能	
青森県	協議により使用可能	2017年10月1日以降、仕様書に記載予定
岩手県	使用可能	2017年4月1日以降
宮城県	協議により使用可能	
秋田県	検討中・未定	2017年10月1日以降を予定
山形県	協議により使用可能	2017年4月1日以降
福島県	使用可能	2017年5月1日以降
茨城県	検討中・未定	
栃木県	検討中・未定	
群馬県	使用可能	2017年5月1日以降
埼玉県	検討中・未定	
千葉県	協議により使用可能	
東京都	使用可能	2017年7月予定
神奈川県	検討中・未定	
新潟県	使用可能	2017年7月1日以降
富山県	使用可能	2017年10月1日以降
石川県	使用可能	2017年7月5日以降
福井県	使用可能	
山梨県	協議により使用可能	
長野県	協議により使用可能	
岐阜県	使用可能	2017年4月1日以降
静岡県	使用可能	
愛知県	使用可能	2017年4月1日以降
三重県	検討中・未定	
滋賀県	検討中・未定	
京都府	協議により使用可能	
大阪府	検討中・未定	
兵庫県	検討中・未定	
奈良県	検討中・未定	
和歌山県	使用可能	2017年4月1日以降
鳥取県	協議により使用可能	
島根県	協議により使用可能	

岡山県	使用可能	2017年6月1日以降
広島県	使用可能	
山口県	使用可能	2017年5月1日以降
徳島県	使用可能	2017年9月1日以降
香川県	使用可能	2017年6月1日以降
愛媛県	使用可能	2017年4月1日以降
高知県	使用可能	2017年4月1日以降
福岡県	使用可能	2017年4月1日以降
佐賀県	検討中・未定	
長崎県	検討中・未定	
熊本県	検討中・未定	
大分県	検討中・未定	
宮崎県	使用可能	2017年9月15日以降
鹿児島県	使用可能	2017年6月1日以降
沖縄県	使用可能	2017年7月1日以降
札幌市	未確認	
仙台市	未確認	
さいたま市	未確認	
千葉市	未確認	
横浜市	検討中・未定	
川崎市	協議により使用可能	
相模原市	協議により使用可能	
新潟市	検討中・未定	
静岡市	協議により使用可能	
浜松市	未確認	
名古屋市	検討中・未定	
京都市	検討中・未定	
大阪市	検討中・未定	
堺市	検討中・未定	
神戸市	検討中・未定	
岡山市	未確認	
広島市	協議により使用可能	
北九州市	検討中・未定	
福岡市	建築:使用可、土木:未定	

1章 電子小黒板の今

都道府県別導入状況

電子小黒板、日建連の取り組み

　一般社団法人日本建設業連合会（日建連）は、建設現場の生産性向上に有効なICTツールとして電子小黒板に着目し、〝ユーザー目線〟の調査・研究、普及活動に取り組んでいる。その成果の1つとして、データ改ざんに対する信憑性の担保や電子納品の対応などを分かりやすく整理した『施工者のための電子小黒板導入ガイド』（163ページ）を2017年3月にホームページ（HP）上に公開した。HPを活用することで会員以外にも広く周知し、建設業界全体で生産性向上を後押しするのが狙いだ。調査・研究を担当する土木工事技術委員会土木情報技術部会情報共有専門部会の杉浦伸哉部会長（大林組）と橋本隆紀委員（清水建設）に導入のポイントを聞いた。

　電子小黒板は、従来の工事小黒板に代わり、スマートフォンやタブレット（スマートデバイス）で動くアプリケーションを活用して電子小黒板画像を作成し、スマートデバイスのカメラ機能で撮影した画像に組み込んで活用する。実物の小黒板を映し込んだ写真と同等の工事写真として活用し、写真整理も効率化する。従来は、撮影に補助者が必要だったり、雨天時の黒板記入、持ち運びなどに手間が掛かるが、小黒板を電子化することでこうした作業負担を軽減する。

　建設現場の生産性向上を目指す国土交通省のi-Constructionが本格化し、ICT活用が加速した。これを受け、日建連が電子小黒板の直轄事業の導入を要望したこともあり、国交省は2017年2月に直轄工事のデジタル工事写真における小黒板情報の電子化を解禁した。

写真整理の自動化が最大のメリット

　小黒板電子化に付随する機能として、部会が特に注目しているのが、膨大な量にのぼる工事写真の〝自動整理機能〟だ。スマートフォンや

タブレットなどの撮影ツールと写真管理ソフトを連携させることで、撮影した工事写真を管理台帳にダイレクトに振り分けることができる。

杉浦部会長は「忙しい現場では撮影した工事写真を毎日整理するのは難しい。ほとんどの現場では1週間に1度といったペースでまとめて整理しています。その間に写真が何を目的に撮影したのかわからなくなることがないともいえず、担当者は整理作業に多くの時間を割いています」と語る。そのため写真の整理のほとんどを自動化する機能は作業時間を短縮するうえで絶大なメリットを発揮する。部会の調査よると1週間分の写真整理に要する時間が60分の場合、5分程度に短縮し、従来方法と比べて90％の時短効果があるという。

i-Constructionが追い風に

日建連は、2012・13年に国土交通省の電子小黒板活用に関する調査を受託した（一財）日本建設情報総合センター（JACIC）と連携し、電子小黒板の調査・研究のために実現場を提供してメリットなどを検証してきた。

国土交通省は当時、過去のデジタル写真の改ざん問題により、明るさや解像度も含めて撮影後のデジタル写真の編集を一切認めていなかった。そのため、公共工事で電子小黒板を活用する機会が限られることもあり、写真管理ソフトウェアの自動分類機能や写真の見栄えなどの検証を中心に取り組んでいた。

その後、国土交通省のi-Constructionの展開やJACICによる改ざん検知機能の開発を受け、部会では電子納品を含めた活用方策やデータの信憑性確保、施工上のメリットなどの検討を本格化し、国交省に電子小黒板の導入を要望した。これを受け、2017年1月末に国交省が工事黒板電子化の運用方針を通知してから約1カ月後の3月10日に、日建連は『施工者のための電子小黒板導入ガイド』を発表している。

直轄工事で電子小黒板の利用が可能になったことについて、「電子

納品のデータ形式は国交省が決めた基準で、納品ファイル作成までのプロセス効率化は業界に共通した課題です。それは個社ではなく公共工事に従事する建設業全体が共有するノウハウであるべきであり、直轄工事全般の生産性を向上させなければならない」との考えのもと、導入ガイドを作成し、全国建設業協会に情報提供するなど会員外への普及も促している。

6項目で導入方法を紹介

導入ガイドは、以下の6項目で導入方法を紹介している。
1. 電子黒板でできること
2. 信憑性の確保
3. ツールの構成
4. 各ツールやソフトウェア間の互換性
5. 従来方式との混在
6. 電子納品への対応

ツールの構成では、電子小黒板の活用に必要な3分野のツールやソフトウェアを紹介している。

1つめは、スマートデバイス上で動作し、電子小黒板の作成や工事写真の撮影を行う「撮影ツール」。黒板の保存や豆図の登録、読み込みなどもこれらのツール上で行う。

2つめは、記録メディアやケーブル、Wi-Fiなど、撮影ツールと写真管理ソフトをつなぐ「取り込みツール」。

3つめが、取り込んだ写真を工種・種別ごとに自動振り分けし、改ざんチェックや電子納品形式でデータを出力する「写真管理ソフトウェア」となる。

こうしたツールやソフトウェアを導入する際に注意するべきこととして、〝互換性〟の問題をあげる。撮影と写真管理のソフトウェアが同一ベンダーであれば互換性によるトラブルの発生は少ないが、それ

ぞれベンダーが異なる場合は工種・種別・細別にデータが正しく認識されず、肝心の自動振り分けが動作しない場合があるからだ。

 そのため、『施工者のための電子小黒板導入ガイド』には、自動振り分け機能を持つ写真管理ソフトと写真撮影ツールの互換性を示す対応リストを掲載している。「支店や現場ごとに使っている製品が異なる企業が多いため、ユーザーがニーズに合わせて製品を選択できるようソフトウェアの互換性を〝見える化〟しました。電子小黒板の技術開発は速いため定期的に更新していきます」。

従来方式の併用を推奨

 現時点では電子小黒板の活用が難しい工種や施工条件も多い。そのため日建連では、従来方式との併用を推奨している。例えば、撮影はスマートデバイスのカメラ性能に依存するため、照明不足のトンネルや地下、夜間の利用には適さないケースが多い。湿気や粉塵の多い場所も鮮明な写真が撮影出来ない場合があるほか、屋外作業が中心の土木工事では衝撃などにより破損や故障の危険性も高い。

 国交省は、不測の事態で撮影できない場合は従来方式で撮影した工事写真を併用することを認めているため、「〝部分的な活用〟も想定した上で施工条件に応じた柔軟な使い分けが生産性向上のポイントだ」と強調する。

 電子納品の対応では、電子小黒板を採用した工事写真をすべて信憑性チェックツールにかけ、確認結果のCSVファイルを納品することを説明している。CSVファイルの保管場所や提出方法は、監督職員と協議の上、決定した内容を工事打ち合わせ記録簿に残さなければならない。日建連では、信憑性確認後のCSVファイルを保管する場合、電子納品チェックシステムでエラーが起きないよう「DISK1/PHOTO/PIC」フォルダに保管することも例示している。

 こうしたユーザー目線で電子小黒板の特徴を明らかにすることで、

より多くの現場で適切に活用されることを期待するとともに、現場で必要なニーズをベンダーサイドに発信し、機能向上につながることを目指している。

互換性が普及のカギ

部会では、JACICを中心としたベンダー各社の勉強会に参画し、意見交換を重ねている。部会を代表して参加する橋本委員は「ユーザーサイドから現場の生産性向上に必要な機能を適切に伝えることで、今後の機能向上につなげたい」とさらなる〝カイゼン〟に意欲を見せる。特に「ソフトウェア間でデータの相互乗り入れを可能にすることが当面のニーズとして大きい。共通フォーマットの作成を進めたい」と力を込める。

部会が実施したゼネコン各社の電子小黒板導入状況のヒアリング結果によると、①本格導入　②試験導入　③未導入の割合は、おおむね同程度にある。導入に踏み切れない理由には「タブレットのOSと標準写真管理ソフトで選択肢がない」という理由が多く、各社のツール間で互換性の問題が浮き彫りになっている。橋本委員は「未導入の会社も電子小黒板が便利であることは知っている。ただ経験したことがないから二の足を踏んでいるだけ。データの相互乗り入れが可能になれば建設業全体の生産性が向上し、未導入の企業も電子小黒板に挑戦しやすくなる」と予測する。

一方で日建連会員の大手ゼネコン内部でも電子小黒板の存在を知らない人はまだまだ多く、「われわれも周知活動をさらに展開し、末端まで理解されるよう努力する必要がある」と力を込める。

2017年7月には北海道建設業協会と意見交換会を行い、電子小黒板の活用に向けた日建連の活動、現状の課題などについて議論したことで、「互いに学びあうことで新たな展開が生まれる」と実感する。直轄工事における電子小黒板の導入効果について国交省に情報提供す

ることも想定している。

働き方改革に貢献

　国交省では、土木工事に加え2017年4月から営繕工事でも電子小黒板の導入を開始した。NEXCO各社や地方自治体も順次導入を始めており、発注機関で広がりを見せる。杉浦部会長は「自治体はインフラ整備を担う地元企業との一体感も強く、現場の生産性向上は受発注者の利益になると考え導入を加速させている。国交省の改ざん検知機能の存在も大きい」と分析する。

　そもそも電子小黒板はコストや技術的ハードルが低いため、発注者が採用すれば地域建設業や専門工事業の間でも広まりやすいのが特徴といえる。「大手企業だけではなく建設業にかかわる多くの人が使いこなし、直接的に生産性向上を実感できるツール」であることが最大の魅力だ。

　普及の先に見据えるのは建設業の〝働き方改革〟だ。「現場の工事写真整理は本当に大変な作業だ。ツールが互換性を持つことで現場の長時間労働や残業問題の改善に効果をあげてほしい。労働環境の改善に向けた4週8休の取り組みも各現場で進められるため、作業時間の短縮に向けた大きな武器になる」と考える。

　注意するべきは、従来の作業プロセスをそのまま踏襲しても、得られる効果は限られることだ。「従来は『撮影したら後で振り分ければいい』という発想だが、電子小黒板の場合はあらかじめ写真管理区分などを考えた上で撮影に臨むことがポイントになる」という。ツールに合わせた作業プロセスに切り替えることが重要であり、「それが各社がノウハウとして蓄積しなければならない部分。働き方改革につなげる上でポイントになる」と考える。今後も「われわれ施工者にとって本当の意味で使いやすいツールや仕組みを最優先に活動していきたい」と意気込む。

2章

電子小黒板の基礎

従来の木製黒板の役割をそのまま電子化した「電子小黒板」。その具体的なメリットとは？ 電子小黒板が合成された写真が「改ざん」にならないのはなぜ？ 本章では、そんな電子小黒板の基礎について説明します。

木製黒板から電子小黒板へ

　工事写真の撮影点数は、近年増加傾向にあり、管理者の業務は増えつつあります。建築物の安全性を確認するために不可欠な工事写真は、公共・民間事業を問わず、全数撮影が求められることも少なくありません。

　従来の工事写真では、木製黒板やホワイトボードに工事名や工種、測点や略図をチョークやペンで書き込み、現場風景や作業部分の付近に配置して撮影していました。こういったアナログな工事黒板は、撮影点数分を作成するのに時間がかかり、持ち運びも大変でした。撮影時も作業箇所と工事黒板両方にピントや露出を合わせるのが困難だったり、黒板の設置に適切な場所がない場合は他の誰かに持ってもらう必要があったりと、数々の問題を抱えていました。

　また、撮影した写真の管理においても、大量の写真の仕分け作業や台帳への膨大な文字入力などが無視できない負担になっていました。

　工事写真業務の負担を大きく軽減できる新技術「電子小黒板」は、従来の工事黒板の内容をデジタル化したもので、工事写真専用端末やアプリで利用することができます。画面上では、実際の作業箇所に仮想の黒板（電子小黒板）が合成され、その状態を確認しながら撮影することが可能です。

　電子小黒板の見た目は、木製黒板とまったく同じです。しかも、文字や略図が美しく記録できるうえ、作業箇所と電子小黒板を同時に表示した状態で構図を確認しながらシャッターを切ることができる

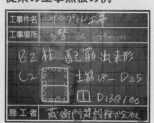

従来の工事黒板の例

チョークによる手書き文字は「くせ字」や「かすれ」で読みにくいことも

ので、黒板を持つ人も不要になります。つまり、ひとりでも高品質な工事写真を撮影することができるのです。

フォントを使用したテキスト文字なので、美しく読みやすい

この状態を画面で確認しながら撮影。黒板の移動や拡大縮小も自由自在

従来の工事黒板では二人一組で撮影することも多く、非効率だった

電子小黒板対応機器なら、ひとりでも撮影可能

POINT! 国土交通省も、2017年2月1日から直轄の土木工事を対象に電子小黒板への対応を宣言。電子小黒板採用の流れは、今後ますます加速するでしょう。

電子小黒板のメリット

　電子小黒板の最大の特長は、工事名や工種、測点、略図などをデジタル情報として管理できることです。中でも「黒板の文字をワープロのようにテキストとして扱える」ことが重要なポイントです、これにより、文字や文章をコピー＆ペーストして入力作業を省力化したり、機器やアプリの間で転記・共有して、台帳や書類の作成を効率化できます。

　電子小黒板を使うことで得られるメリットの数々は、2つのシーンに分けられます。「黒板の作成・撮影の省力化」と、撮影後に行う「写真管理の効率化」です。

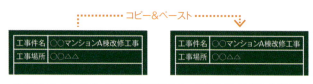

テキストのコピー＆ペーストや黒板の複製で、効率の良い黒板作成が可能

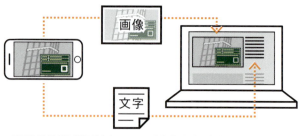

必要な情報が自動転記されるので、台帳作成時に文字入力の手間が不要

黒板の作成・撮影の省力化

- 色々なフォーマットの黒板を手軽に選択。新しい黒板を作成するたびにチョーク文字を消したり、書き換えたりする手間が不要
- 似た内容の黒板を作成する場合、元になる黒板を複製して一部を書き換えるだけ
- 使用した略図を登録しておけば、呼び出して再利用も可能
- 黒板フォーマットを社内ネットワークで共有可能
- 作成したすべての小黒板を端末に保存でき、現場で大量の黒板を持ち運ぶ必要がない。忘れものが減り、体力の消耗も少ないので、作業の安全性が向上
- テキスト文字なので、文字が美しく見やすい。雨に濡れたり、擦れたりして文字が消えてしまうこともない
- 撮影時、黒板をビルの窓際などの危険な場所に設置せずに済む
- 黒板を誰かが持つ必要がなく、ひとりで撮影できる

　このほか、見やすい工事写真を簡単に撮影できるのも大きな利点です。たとえば、作業箇所が日なた、黒板を設置できる場所が日陰、あるいは逆光の場合、普通のデジカメで撮影すると黒板は真っ暗に写ってしまいます。また、作業箇所を引きで、黒板をアップで撮りたい場合、どちらかにピントを合わせると、もう一方はピンぼけになってしまいます。

木製黒板では、作業箇所と黒板両方にピントや露出を合わせる必要があり、撮影が難しい

　そんな状況でも、電子小黒板対応の機器やアプリなら、作業箇所だけに露出やピントを合わせれば撮影が可能です。電子小黒板はデジタル情報なので、常

電子小黒板なら、作業箇所のピントや露出にだけ注意すれば良く、撮影が簡単

に見やすい状態で合成されます。

　このように、黒板の作成から撮影、そして台帳作成を含む写真管理まで、工事写真業務全般を圧倒的に省力化・効率化できます。

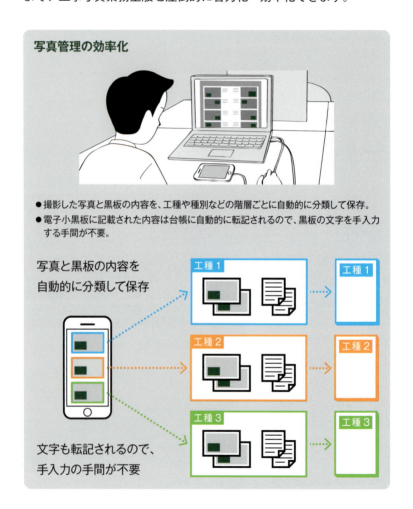

電子小黒板対応機器の種類

電子小黒板は、工事写真専用端末やアプリで使用できます。なかには無料で利用できるものもありますが、機能や使用できる期間が制限されている場合があります。その場合、別途、料金を支払うことで、制限を解除できます。

工事写真専用タブレットの例
蔵衛門Pad／株式会社ルクレ

アプリの例
蔵衛門工事黒板／株式会社ルクレ

工事写真専用端末か、アプリか

工事写真専用端末、アプリともに、それぞれ利点があります。使用する現場環境やワークフローから、重視する機能や性能を考えて選ぶと良いでしょう。

工事写真専用端末の利点

- 専用機なので、ハードウェアの性能や仕様がすべて工事写真用に最適化されている
- 画面が大きく、細部の確認がしやすい
- 工事写真業務以外の用途が不要なため、UIや操作性が優れている(余計な設定項目やOSのホーム画面に戻るボタンが不要、など)
- 関連製品との連携機能が安定しており、動作の確実性が高い
- メールやSNSができないぶん、セキュリティが高い
- ハードウェアが耐衝撃設計。また、防塵・防滴ケースが最初から付属するなど、どんな場所でも安心して使用できる
- ハードウェアとアプリの提供元が同一のため、万一の故障やトラブルの際も、しっかりしたメーカーサポートを受けられる　など

アプリの利点

- 汎用性が高く、端末を工事写真撮影以外の用途にも使える
- すでに持っている対応端末を使用でき、初期投資を抑えられる。
- 必要なとき、その場ですぐにダウンロード可能。
- 色々な工事写真アプリをインストールして、使ってみてから選べる。
- 端末（特にスマートフォンの場合）が小さいので携帯しやすい。
- 撮影した写真をメールに添付して送信したり、SNSで共有したりできる。　など

汎用性が高い　アプリが選べる

写真のメール送信やSNSでの共有が可能

POINT! 過酷な工事現場での使用を考えると、ハードウェアの耐衝撃設計や防塵・防滴性能は、必須要素といえるでしょう。スマートフォンやタブレットを使用する場合も、耐衝撃、防塵・防滴仕様のケースを装着して使うことが望ましいといえます。

　市販のケースでも、耐衝撃・防塵防滴性能を持つ製品があります。米OTTERBOX社のケース「ディフェンダーシリーズ」もそのひとつで、iPhone、iPad、Android端末用のケースがラインナップされています。

ディフェンダーシリーズケース
for iPhone 7

電子小黒板付き写真データの仕組み

　工事写真専用端末やアプリで撮影した工事写真は、一般的なデジタルカメラの写真と同様に、JPEG画像として保存されます。電子小黒板の内容は、単なる画像だけでなくExifデータとしても記録されます。台帳作成時には、このExif内の電子小黒板の情報からデータが取り出され、自動転記されます。

> **Exifとは**
> 　読み方は「イグジフ」。Exchangeable image file format（エクスチェンジャブル・イメージ・ファイル・フォーマット）の略で、日本電子工業振興協会（JEIDA）で規格化された、写真用の付加情報を含む画像ファイルフォーマットです。この付加情報には、写真の撮影日時や撮影機器のメーカー、モデル名、シャッター速度、絞り値、ISO感度、焦点距離、画像の更新日などの情報が含まれます。

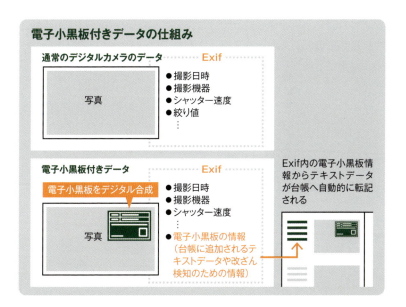

電子小黒板付きデータの仕組み

電子小黒板は画像の改ざんに当たらない？

2006年1月に改定された国土交通省の「デジタル写真管理情報基準（案）」では「写真の信憑性を考慮し、写真編集は認めない」と規定されています。したがって、工事写真で使用する画像の回転、明るさ調整、コントラスト調整、色補正、サイズ変更、解像度変更などの編集やパノラマ・つなぎ写真は一切禁止されています。「暗くて見にくかったので明るさを調整した」「人物が写り込んでしまったのでトリミングした」など、良かれと思って行った編集も認められません。これらの編集行為は改ざんと見なされ、指名停止の対象となることもあります。

では、「電子小黒板が合成されている」ことは、工事写真で禁止されている「写真の編集」に当たらないのでしょうか？ 答えは「当たらない」です。

その理由は「電子小黒板の合成が撮影と同時に行われる」からです。つまり、電子小黒板の合成日時は、先に述べたExifの「写真の撮影日時」そのものであり、写真が保存されたのは一度だけです。したがって、写真が「後から編集された」ことにはなりません。

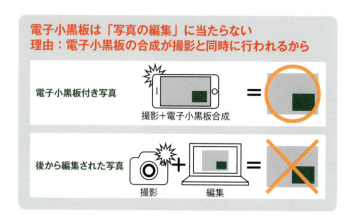

「編集してしまってもわからないのでは?」と思われるかもしれませんが、2005年7月に国土交通省の直轄工事で改ざんが発覚した際、同省が全国約100件、15万枚の写真を対象に調査を行ったところ、約1,000枚の工事写真に改ざんの疑いがあることが判明しました。これを受け、前述の「デジタル写真管理情報基準(案)」が規定され、以後、工事写真は厳しくチェックされているので、改ざんは隠せないと思ったほうがよいでしょう。

改ざん検知機能付き製品を選ぶことが重要

電子小黒板対応機器やアプリには、写真に信憑性を持たせるための改ざん検知機能を備えたものが増えています。改ざん検知の仕組みには複数の方式がありますが、現在は、JACICが提供する、Exifをもとにした検知方式がスタンダードとなっています。

> **JACICとは**
>
> 読み方は「ジャシック」。一般財団法人日本建設情報総合センター(Japan Construction Information Center)の略称です。時代の変化とともに求められる建設サービスに対応するため、最新の情報技術の導入や大量の建設情報を効率的、体系的に収集、整理、流通させることを目的に設立。国土交通省も電子小黒板の研究を委託するなど、建設分野における情報化活動の中心的機構です。
> JACICの検知方式を搭載した撮影機器やアプリには、それを示すロゴマークが記載されています。

この方式は、ファイルの画像とExifを「ハッシュ値」と呼ばれる数値に置き換え、暗号化してExifのコメント欄に埋め込みます。この暗号化されたハッシュ値を、JACICの検知方式に対応する機能やソフトウェアで読み込み、写真が編集されているかどうかを検知します。もちろん、暗号化されたハッシュ値の編集は不可能となっています。

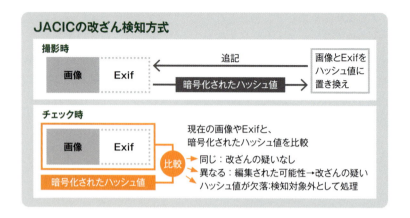

　膨大な工事写真を撮影する目的は、工事が正しく行われたことを証明するためです。にも関わらず、それらの写真が信用できなくては意味がありません。高度な編集が容易なデジタル写真ゆえに、その信憑性を担保することはきわめて重要です。

JACICのチェックシステムを使ってみましょう!

　JACICは、改ざんチェックシステム(信憑性チェックツール)を公式Webサイトで公開しています。ダウンロード、使用ともに無償なので、ぜひ使ってみましょう。なお、このツールで信憑性を判定できる写真は、JACICの検知方式に対応した端末またはアプリで撮影された写真のみです。

対応 OS:Windows7SP1 以降
ダウンロード URL:http://www.cals.jacic.or.jp/CIM/sharing/
(ページ最下部にダウンロードリンクがあります)

電子小黒板アプリで撮影したままの写真と、その写真を複製し、画像編集ソフトで明るさを調整して保存した写真の2点を指定。信憑性チェックを実行すると、正常なファイルがひとつ、チェック対象外のファイルがひとつと判定されました。これは、使用した画像編集ソフトがJACICの検知方式に対応していなかったためです。

信憑性チェックをでは、判定（ハッシュ値のチェック）結果を示すフォルダが自動生成されます。「OK」フォルダ内には、電子小黒板アプリで撮影したままの写真のみが格納されていることがわかります。

Exifの情報（原画像の生成日時）を書き換えた写真に信憑性チェックを実行すると、チェック異常（撮影日付）と判定されました。また、この写真は自動的に「NG」フォルダの下の「撮影日時」フォルダに移動します。

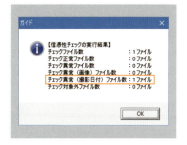

3章

ユーザーレポート

実際に電子小黒板を導入しようとしたとき、どのようなメリット、課題があるのか。導入の成果を知ることで、電子小黒板の役割や活用イメージが明確に、具体的に見えてきます。

効率化で〝考える時間〟増加

大林組

　大林組が電子小黒板を建築現場に展開して4年。電子小黒板を搭載したタブレット端末で工事黒板の撮影を覚える若い世代が増えるなど業務改革が浸透している。社内展開が始まった当初から電子小黒板を現場に導入し、現在は東京臨海部のスポーツ施設建設工事の指揮を執る杉本直樹所長は「電子小黒板により現場の業務時間は確実に節約されています。若手は当たり前のツールとして使いこなしています」と成果を語る。

　同社が2012年8月に開始したタブレット端末の全面展開と連動して、自社開発の電子小黒板アプリ「電子黒板カメラ」を導入したのは2013年7月。杉本所長はアプリが出てすぐに自分の現場に導入することを決めた。「われわれの時代にはないシステムでしたが、若手はすぐに順応し、きちんと撮影して写真を整理することができました。非常に有効なシステムだと思いました」と当時を振り返る。

失敗が減少

　フィルムからデジタル、電子小黒板へと工事現場の撮影ツールが変遷する中で、目に見える違いとして表れているのが〝現場で大きな黒板を持ち歩かなくてすむようになった〟ことだ。従来の黒板では、書きまちがえや、雨でチョークの文字が流れてしまうのは日常茶飯事で、足場の中やいろいろな仮設設備の中、忘れたら事務所に取りに戻らなければならないという業務は負担が大きかった。2人1組で撮影するときに、呼吸が合わずに肝心の被写体を黒板が遮ってしまい、使い物にならないことも多くあった。

特に、躯体工事の配筋状況の撮影では黒板に書き込む豆図が複雑であり、撮影のたびに書き直す作業が大きな手間になっていた。事前に紙に書きためておき黒板に貼り付けていた時期もあったが、雨が降れば紙がぬれてしまう。なにより現場は常に動いているため、撮影しなければならない〝その瞬間〟を逃すと2度と撮影する機会は戻ってこない。まさに誰もが苦労した業務だった。

杉本所長は「昔は失敗したらいけないと思うから必要以上に撮影し、その中からきちんと見えるものを選んで保存していました。今はすぐにチェックできるため撮影枚数が少なくて済みます」と効率化の要因をあげる。写真整理が遅れるとミスや手戻りのリスクが高まるが、電子小黒板は早く整理して内容をチェックできるため、「今の若手は失敗が少なく工事写真を撮影・整理できるようになりました」と導入効果を語る。

工事写真の撮影は基本的に工事黒板カメラで行い、ルクレ社の写真管理ソフト「蔵衛門御用達」と連携させて書類を作成し、発注者に電子納品する予定だ。撮影ツールは自社の配筋検査システムに電子小黒板を搭載した「GLYPHSHOTⅡ.」なども使っている。「使い始めてから4年が経ち、利用法も確立されてきました。写真整理の段階で中身をチェックする行為は今も昔も変わらないが、写真を撮ることに関しては確実に時短効果を発揮しています」と手応えを語る。

AIに期待

作業としては、建築情報などを撮影前に電子小黒板に入力するため、現場では撮影に専念できる。「GLYPHSHOTⅡ.」は、配筋検査の一連の作業工程と電子小黒板の撮影がひとつのシステムにまとめられているため、撮影した写真は検査内容と連動して処理される。

こうしたツールにより工事黒板の業務時間が大幅に短縮されたことで、この4年のうちに日常化した若手社員にとっては効率化された状

態が当たり前になっているという。「彼らが時短を感じるには、さらに進化した電子小黒板が必要でしょう」と、若手の意識の違いを説明する。

　そのため、今後の電子小黒板に求める機能としてクラウドやAI（人工知能）に注目している。例えばタブレット端末で日々撮影する大量の写真をクラウド上のサーバーに送り、複数撮影した写真から最良のものを自動的に選別し、納品できる状態に整理できれば膨大な写真整理の手間を大幅に省くことができる。「決められた約束ごとにしたがい、写真を自動で管理するシステムに期待したい」と力を込める。

　技術開発を望むのも、多くの現場で若手の業務量が増え、肝心の施工技術を考える時間がとりにくい状況にあるからだ。「われわれの本来の仕事は現場ごとに最適な施工法や安全性の向上を考えることにあります。こればかりはコンピューターが計算して答えを出せるものではありません。そこをどうするかが現場に求められる創意工夫であり、技術者としての力が求められます」と強調する。

写真整理作業は大幅に自動化された

　人間でなくてもできることはコンピューターや機械に任せ、技術者は最適な施工法や安全対策を考え実現する時間にボリュームを割くことが最終的な目的だ。杉本所長は「われわれが考えたことに対し、実際に手を動かして働いてくれるのは職人さんです。彼らが効率良く働くことができなくなれば日本の建設業は衰退してしまう。現場全体を効率化するために〝考える〟時間を生み出すことが重要です」と意義を語る。

タブレット端末で情報共有効率化

同社建築部門の統括組織であり、ICT活用の舵を取る森川直洋建築本部本部長室担当部長は「現場の社員にとって電子小黒板の活用は当たり前の業務になっています。業務効率化のメリットは大きい」と手応えを語る。

タブレット端末の全面展開を開始した当時を森川担当部長は「社長のトップダウンのもと、建築と土木の工事長以下の職員に3000台を配布しました。建築本部本部長室では現場の〝日常業務〟を対象に使い道を探りました」と振り返る。建築本部では「朝礼時の情報共有」「図面の携行」そして「電子小黒板の活用」の3つに取り組むことを決め、キャンペーンを展開し、各現場への導入を進めた。

日常業務を時系列で考えると、現場で最初に行う大切な作業は朝礼になる。作業工程や安全注意事項の確認など重要な情報共有の場になるため、タブレット端末を使うことで合理化を目指した。それまでは伝達事項をまとめた模造紙を張り出したり、パソコンのプロジェクターを使っていたが、タブレット端末からデータを出力して映し出すようにしたことで「画面の拡大縮小が自在にでき、わかりやすく伝えることができる」と好評だ。

若手にとってICTはすでに当たり前の存在だ

自社でシステム開発

当時市販されていた電子小黒板のアプリはスマートフォン用しかなく、タブレット端末で利用するには自社でシステム開発する必要があ

った。そのため、グローバルICT推進室を中心に開発を進め、13年7月に工事黒板カメラアプリをリリースし、各現場への展開を開始した。

展開当初は、タブレット端末や電子小黒板をいやがる職員もいたが、毎年入社する新入社員にタブレット端末を配布していき、社員教育を展開して底上げを図った。社員が見るイントラネットにもタブレット端末専用ページを設け、情報提供することで現場への浸透を進めてきた。

現場に配布したタブレット端末は4000台を超える

〝日常業務〟をコンセプトにしたアプリ開発も継続して進めたことで、配筋検査システムに電子小黒板が搭載されるなど、工事写真の撮影におけるタブレット端末の利用が一般化していった。

ただ、当時は工事写真の改ざん事件などがあり公共工事に電子小黒板を利用できない時代。独自の改ざん防止機能を搭載したものの、検査で電子小黒板に使うことに不安を持つ社員も多かったという。そのため、施工者が勝手に写真を修整できない根拠を説明したペーパーを作り、発注者に配布して了承されれば活用するようにした。現在は、2017年4月に国土交通省が導入した電子小黒板の納品基準に準拠した改ざん検知機能を実装している。

ICTの社内推進体制が充実していることも、電子小黒板を展開する上で大きな後押しとなった。例えば各現場が参加する「業務改善運動」では、現場で取り組んだ工夫や改善活動を持ち寄り、効果的なものは全社展開する。内容は施工技術が中心だが、最近はICTによる業務改善を実証する報告も増え、良い取り組みが展開されるようになってきたという。

各支店の工事部にはICT推進担当者を配置し、各現場をサポートしている。年に1、2回の研修を本社で開き、本社から情報発信すると

ともに、各支店の事例を展開する場になっている。担当者同士の情報交換も活性化するなど、全社的なネットワークが効果を出し始めている。

一方で、建築本部では各支店の自主性だけに任せるのではなく、タブレット端末やアプリの利用状況の定量的な把握に取り組んでいる。「各支店に年度ごとの取り組み目標を数値にして掲げてもらい、利用状況をアンケート調査して達成度を把握している」という。利用率は急速に上昇しており、2016年度の実績では、現場に配布したタブレット端末は4000台に達し、研修・教育などの活用を含めて80％を超える社員がタブレット端末を利用している状況だ。

JACICの改ざん検知機能を導入したことで、官公庁工事などこれまで電子小黒板を使えなかった発注者の現場にも展開する。「現場からの改善要望にどんどん応え、生産性向上を推し進めていきたい」と力を込める。

現場の声をシステムに反映

電子小黒板の社内展開の指揮を執る建築本部本部長室の施策を具現化しているのが、グローバルICT推進室だ。通常は社内のパソコンやタブレット端末の管理、ネットワークインフラを主管しているが、本部長室の依頼に基づき配筋検査システムや工事黒板カメラなどのアプリ開発、導入推進を担う。

建設現場で使うICTとアプリの仕様の両面を熟知したスタッフが、作業所とベンダーの橋渡しとなることで、現場の効率化を図っている。2013年7月に工事黒板カメラをリリースして以降も、現場からの要請に基づき機能向上を推し進めてきた。

例えば、ストロボを持たないタブレット端末では夜間や夕方など暗い場所での撮影を苦手とする。そのため同社技術研究所やベンダーと連携し、デジタルカメラと同じ発光量を持つタブレット端末専用スト

ロボを開発した。ほかにも、現場利用に適した防水性収納ケースをメーカーと共同開発するなど常に利便性を追究している。

　国土交通省直轄工事における電子小黒板導入の通知に基づき、JACICが作成した工事写真改ざん検知機能の検定にいち早く合格するなど最先端の仕様を目指す。

　堀内英行ICTグローバル推進室副部長兼技術課長は「アプリ開発後の導入支援も重要なミッションのひとつ。利用者の教育も含めて本部長室と協議しながら社内展開しています」と役割を語る。最前線で現場と接することでニーズを集める窓口となり、本部長室と両輪でICTによる生産性向上を牽引している。

　重要度が高く時間的ボリュームの大きい工事写真業務を効率化できれば現場は確実に変わる。杉本所長は「10年前、20年前と現在とでは建設現場の業務内容は大きく変わりました。この先の10年でさらに劇的な変化が起きるでしょう。AIなどを活用した自動化技術なども近い将来実現してほしいと思います」と先を見据える。

電子小黒板　若手社員の取り組み

左から藤原さん、鷹巣さん、伊藤さん

今回の現場で活躍する3人の若手社員に、電子小黒板の利用状況を聞いた。

2017年入社　藤原麻実さん

ことし（2017年）の春に入社した設計部門の藤原麻美さんは、新入社員の現場研修として現場に配属され、施工管理を学んでいる。工事黒板の撮影も担当し、従来の黒板は使用せずにタブレット端末に搭載した電子小黒板を使って業務を覚えた。

「電子小黒板の操作にはすぐになじむことができ、日常の業務で支障なく使えています。メリットとして感じるのは〝使いやすさ〟ですね。現場で大きな黒板を持ち歩かずに撮りたい場所ですぐに撮影できます。黒板が内蔵されているため雨でもきれいに撮影できるなど見栄えが良いことも魅力の1つで、工事写真を一定の品質に保つことができます」

現在でも時短効果を感じているが、さらなる効率化に向けて取り組みたいのが工事写真担当者によるデータの共有化だ。「各担当者は自分のフォルダで作成した黒板データを管理しています。撮影する工種

や場所によっては別の人がつくったテンプレートでもうまく使い回すことができ、作業を省力化できます」とし、使い方を工夫することでさらなる効率化の可能性を探っている。

2017年入社　鷹巣飛鳥さん

　施工管理部門の鷹巣飛鳥さんはことし4月に入社し、同月末から現場研修として配属された。現場の仕事を早く覚えようと奮闘する日々を送る中で、電子小黒板については「最初から使っているため特別な感じはしない」というほど順応している。操作性は「直感的に黒板を作成することができるので、使いづらいということはありません。昔の工事写真の話を聞くと今はすごく便利になったと思います」と技術革新の成果を感じている。

　電子小黒板を活用するメリットとして感じるのは自分が何を目的に写真を撮影したのかがすぐにわかることだ。「写真を整理するまでに時間が経ってしまうと何を撮影したのかわからなくなってしまいがちですが、撮影した内容を電子小黒板に逐一記録するため、頭の中を整理するのに役立ちます」と副次的な効果をあげる。

　同社では現場の職員にタブレット端末を支給し、業務時間の短縮などの生産性向上に役立つアプリを積極的に供給している。「生産性を上げるには電子小黒板などの便利なアプリをどれだけうまく使いこなせるかに直結していると思います」というのが率直な感想だ。若手社員にとって電子小黒板などのICTは身近なツールであり、建設現場の生産性向上の追い風にもなっている。

2011年入社　伊藤綾香さん

　施工管理を担当する伊藤綾香さんは入社して6年目を迎えた。デジタルカメラを使用して工事黒板を撮影してきた最後の世代に当たる。それまでの業務の大変さもよく知っているだけに、電子小黒板が登場してからは「とても現場が楽になった」と実感する。

例えば配筋の撮影では、梁符号ごとに何十枚もの豆図のパターンを事前に作成しておき、水に濡れてもいいようにラミネートしてから現場に持ち込み、黒板に貼り付けて撮影していた。そうした事前準備がアプリに集約され、画面をタッチするだけで作業できるようになり、飛躍的に効率化された。「写真の撮影量は変わらないが事前の段取りに必要な労力が極端に小さくなった」ことが業務改善効果として表れている。

「紙で作業していたときは間違いがあれば事務所に戻って作り直していましたが、今は子会社に連絡するだけですぐにデータを修正する体制が整っています。自分で直す必要がなくなったのも大きい」と支援体制の大切さも語る。

写真自体の見栄えの良さも評価するポイントだ。「従来の工事写真では字の上手・下手などの個人差がすぐに出てしまいました。被写体からレンズが引きすぎて字が読めないこともあります。電子小黒板の画面はグリッド分けされていて黒板を置く位置を指定できるので、みんなで位置を統一し、文字をきれいに羅列すればお客さまにも喜ばれます」と、工事写真の品質向上に工夫しながら取り組んでいる。

操作では「苦労した記憶はない」というほどスムーズに移行した。「大きな黒板を持ち歩かずに撮影でき、タブレット端末で図面やメールを見ることもできます。撮影した写真をその場でメールすることも可能です。この1台で業務が大幅に効率化しました」と、電子小黒板による現場の好循環を感じている。

電子小黒板で時短達成へ

大成建設

　ICTを活用した土木現場の業務効率化に向け、大成建設はタブレット端末を活用した電子小黒板「蔵衛門工事黒板」を東京都水道局発注の王子給水所（仮称）配水池築造工事に初導入した。着工時から一貫して電子小黒板を使って工事写真を撮影し、電子納品する。作業所内での全面展開に向けて操作研修や運用などの準備を進める大成・岩田地崎・関電工JVの吉澤崇幸所長は、「当社初の電子小黒板の活用を東京都水道局に承認してもらいました。若手はタブレット端末をうまく使いこなすことができるため、機能を最大限に活用し、業務を効率化したい」と意気込む。4年間にわたる長丁場の現場を推進するに当たり、業務の〝時短〟という明確な目標を掲げて電子小黒板の活用に取り組む。

電子小黒板は情報化施工の一翼

　王子給水所（仮称）配水池築造工事は、上水道の広域断水リスクの回避と安定供給を目的にした「東京水道基幹施設再構築事業」の一環として整備するもので、東京メトロ南北線王子神谷駅に隣接する王子五丁目団地内の旧北区立桜田中学校の跡地に築造する。1号、2号2つの水槽を合わせた短辺49.5m、長辺71.5mの配水池の施工にはニューマチックケーソン工法を採用し、地下36mまで掘削して躯体を沈設する。有効容量5万㎥、有効水深22.0mの大規模配水池となる。

　現場は荒川に近く、粘性土が主体の柔らかい地盤のため、同工法で均等に沈下掘削していくにはケーソンの姿勢制御がきわめて重要になる。そのため、地盤反力、周面摩擦、地盤を掘削する作業室内の気圧

や酸素濃度などの数値をリアルタイムで把握する「情報化施工」を実施する予定だ。この中で、電子小黒板も導入し、工事全体を通じた工事黒板の撮影・整理作業の効率化を図る。

　2017年9月5日現在、現場ではボーリングによる土壌調査が進んでいる。電子小黒板を展開する初の工事になるため、ニューマチックケーソン工事が本格化する前に、作業所職員を対象にした電子小黒板の操作や写真管理ソフトの講習会を開いて準備を進めている。作業所にはタブレットやスマートホンに慣れた若手、中堅職員が多いため、電子小黒板の修得も早く、今回の現場に合わせた活用方法についての検討も始めている。

作業負担軽減し働き方改革

　現場の指揮を執る吉澤所長は、フィルムカメラによる工事写真撮影を経験した世代であり、電子小黒板による作業効率化の効果を誰よりも理解する。「昔は写真をいちいち現像していました。鉄筋の梁や柱など豆図も撮影の度に書き直す必要があり作業も膨大でした。フィルム現像業者を頼むなど、今から思えば無駄が多かった」と振り返る。撮影ツールはデジタルカメラに移行

従来は書いて消しての繰り返しだった

したものの、「今はわれわれの時代以上に少ない人数で作業所を運営しています。少しでも効率化して〝働き方改革〟を進めなければなりません」と電子小黒板導入の意図を語る。

　大成・岩田地崎・関電工JVの監理技術者の川村理史主任は、工事黒板の撮影にデジタルカメラを活用してきた世代に当たる。今回の現

場で電子小黒板の研修を初めて受けたとき、「説明を聞いただけで作業負担が軽減すると思いました」と、これまでの経験からそう感じたという。

工事写真の最も大切な役割は〝最終的に見えなくなる場所の施工状況を証明する〟ことにある。今回の工事で使用する鉄筋の総重量は約7900t。これらの配筋が今回の撮影のメインとなる。柱は90本。梁柱構造で、ロットごとにコンクリートを打設して躯体を構築する。発注図面に従って配筋するため、吉澤所長は「図面と現場で組み立てられた鉄筋が間違いないことを証明する必要があります」と重要性を説明する。

ポイントは事前準備

従来は、撮影するたびに黒板を書き直さなければならず、少しでも作業を楽にするため、黒板に書いた図を使い回せるよう常に黒板を4、5枚持ち歩くのが一般的な現場の光景だった。それが、電子小黒板を利用することで、複数の黒板を持ち歩くことや書き直す手間が省略される。

一方で、〝事前の準備の重要性〟が従来と大きく異なると指摘する。たとえば今回の工事で撮影する工事写真は施工、品質、材料管理等の写真区分だけで1000近くあるという。つまり、それだけ多くの電子小黒板

事前にテンプレートを用意

のテンプレートが必要であり、現場に出る前に用意しなければならない。豆図の場合も同様だ。

気を付けなければならないのは〝そもそも工事の内容を知っていなけ

れば、事前に電子小黒板に豆図を作成するにも何を描けばいいのかわからない〟ことだ。工程全体の作業の流れを把握する力がなければ電子黒板の効果を最大限に引き出すことが難しくなる。そのため、こうした〝準備段階の効率化〟は重要になってくる。

　吉澤所長は「各職員がタブレット端末で作成する電子小黒板に使うテンプレートや豆図のデータを共有し、互いに使い回す」ことでデータ作成の重複を避け、作業を効率化するのが初期段階の電子小黒板活用のポイントと見る。

写真管理ソフトで作業時間大幅短縮

　電子小黒板は、配筋状況に加え、安全管理や材料管理、品質管理などすべての工事写真の撮影に活用する。撮影枚数は1日に100枚にも達するため、事務所に戻ってから行う写真整理の作業では、内容や工種ごとに写真を自動的に台帳ファイルに仕分けする工事写真管理ソフト「蔵衛門御用達」が欠かせない。

　写真整理作業は通常では毎日1、2時間を要するが、業務が忙しくなると疲れも重なり、徐々に後回しになりがちになる。ため込むと撮り忘れや記憶違いなどのミスや手戻りが増え、検査前の写真整理は長時間労働の温床になりやすい。それを仕分け機能が改善してくれる。吉澤所長は「撮影したらすぐに仕分けるのが最も合理的な方法で、それを自動化することで写真整理業務の大幅な時間短縮が可能になります」と期待を込める。

　工事黒板に記入するべき項目などレイアウトも発注者や工種ごとに異なるため、黒板テンプレートの用意も同じように重要になる。川村主任は「膨大なテンプレートを作業所内でどこまで作るべきか。バックアップ体制も含めた運用のノウハウが大切になると思います」と指摘する。

見栄えの向上にも効果

電子小黒板は、写真撮影や整理の大幅な時間短縮を実現するほか、工事写真の〝見栄え〟を向上させる効果も大きい。大成・岩田地崎・関電工JVの生野剛史主任は「工事写真の撮影に関する個人差をなくしていきたい」と意気込む。

従来の工事黒板は、書き手の字の上手・下手がそのまま出てしまうことに加え、黒板の写し込みが難しいアングルや、雨など天候に左右される部分も多く、見栄えの質を一定に保つのが至難の業だった。

電子小黒板を使えば、タブレット端末上で文字を打ち込めるほか、撮影アングルが難しい場所でも黒板を画面上で自由に動かせるため被写体と重なることを簡単に防ぐことができる。ピンボケしているかもその場で判断することができ、撮影者に左右される要素が格段に少なくなった。

どんな状況でも黒板の位置や情報を編集できる

王子給水所（仮称）配水池築造工事は、大成建設が電子小黒板だけで撮影した工事写真を初めて電子納品する工事になるだけに生野主任は「きれいに撮影した工事写真台帳を発注者に納品したい」と意欲を見せる。

今は昔と違い、仕事だけではなく個人の生活も大切にしなければならない。仕事と生活の双方の充実が建設現場にも求められていることもあり、〝それに貢献するシステムは積極的に活用する〟吉澤所長の基本姿勢だ。

そして、電子小黒板を現場に根付かせることで「機械にできることは代行してもらい、余った時間を他の業務に充てる」ことが業務効率化の次の目標になる。例えば今回のようなニューマチックケーソン工

法を都心で大規模に施工する工事がたくさんあるわけではない。「削減した時間を技術の習得に注いでほしい。この現場には若い職員が多いため、そうした技術をしっかり習得する場にしていきたい」と見据える。

　大成建設として初のプロジェクトになるだけに、連絡会議などを通じて取り組み成果を社内展開することが求められる。「発注者に円滑に電子納品するための準備もしっかり進めていきます。若手が安心して休日をとれるように働き方改革を実行していきたい」と力を込める。

王子給水所（仮称）配水池築造工事概要
- 発注者＝東京都水道局
- 設計者＝東京都水道局
- 施工者＝大成・岩田地崎・関電工建設共同企業体
- 施工場所＝東京都北区王子5丁目2番地
- 工期＝2017年2月17日-21年3月10日
- 主要工種＝配水池築造（ニューマチックケーソン）一式、刃口金物据付工582.1t、掘削工13万9628㎥、地盤改良工（静的杭締固め砂杭工）一式、鉄筋コンクリート工4万8225㎥、躯体防水工（側壁、天端）1万1232㎡、埋戻し工6059㎥
- 主要購入資機材数量＝鉄筋7903t、生コンクリート5万6405㎥、鋼矢板VL型1354t

電子小黒板　推進部門の取り組み

　大成建設は土木現場の生産性向上を目指し、ICTを活用した施工システムと3次元モデルを統合した独自のCIMシステム『T-CIM』を展開している。3年目を迎えた2017年度の重点課題には、タブレットなどモバイル端末を活用した電子小黒板の活用と普及を位置付けた。その理由として橋詰幸信土木本部土木技術部技術・品質推進室長は「工事黒板はあらゆる現場で誰もが使うものであり、電子化することで効果がすぐに見えやすい。数あるICTツールの中でも電子小黒板への期待は大きい」と説明する。土木現場の業務改善にどのような効果があるのか、橋詰室長に聞いた。

　ICTの活用による現場の負荷軽減を最大の目的に土工やシールド、トンネル、橋梁などの各専門工種に加え、共通工種であるコンクリート工にT-CIMを展開する中で、電子小黒板の導入は2017年2月の国土交通省による直轄工事での導入が契機になった。「社内でも業務改善のツールに対しアンテナを張っている人間にとっては電子小黒板の活用は待ちこがれたものだった」というほど期待度は高く、7月ごろから土木現場での導入を開始している。

　特に、毎日撮影する膨大な量の工事写真の整理時間の短縮に大きな効果を期待している。現場では、業務に占める工事写真の撮影・整理のボリュームが大きいにも関わらず毎日のデスクワークで整理するひまがないのが実情だ。特に竣工検査前の写真整理は多忙を極めるため、「現場の職員が苦しい業務から開放される効果は非常に大きい」と評価する。

　国交省が直轄土木・営繕工事で電子小黒板の活用を認可したことで、他省庁や自治体発注工事でも普及が進んでいる。そのため、各現場の発注者に合わせて電子小黒板を利用した工事写真の納品形式にフレキシブルに対応することを目下の課題にあげる。「発注者ごとに納品基準のバラツキがあるため、1つの形式を押しつけるのではなく現場に

合う形で電子小黒板のシステムを提供する」ことにフォーカスし、社内展開を促す方針だ。

実際、電子小黒板に対する現場からの期待は大きい。従来の物理的な黒板では撮り忘れやピンぼけなども多く、現場経験者のほとんどは工事写真に関する業務のつらさを知っている。この業務を劇的に改善する電子小黒板を展開することで「今年度から若い人の仕事のやり方が大きく変わる」と現場所長たちに説明している。

こうした新たなツールを導入する際は「言い続けることが大切」と考える。T-CIMの取り組みでも3次元モデルを活用した業務改善のメリットがなかなか伝わらないことがある。そのため、作業所長が出席する「所長会」で情報提供しているほか集合研修での教育に力を入れてきた。

その点、電子小黒板に対する所長側の理解は早いという。「ICTを普及する上で現場の意志決定者である所長の理解は最も大切。各支店を回る中で現場の電子小黒板の導入速度は他のICTツールに比べて早くなると感じる。業務が楽になるのであれば職員は所長を説得してでも採用するのが建設現場というもの。もっと早くから独自に導入している現場もある」と説明する。

かつて電子小黒板は「現場に『あったらいいな』と思われていたツール」であり、それが実現した。「われわれ技術・品質推進室の仕事はツールを客観的に判断し、良い機能を現場に提供すること。現場で使い込むことで新たなにニーズも出るだろう。そうしたさまざまな声への対応力が求められる」とし、T-CIMをさらに展開する上での試金石にする考えだ。

そしてT-CIMを展開する上で懸念しているのが、「作業所間の情報格差」だ。全店国的にICT活用を展開する中で、最終的に導入の程度は所長の判断で決まる。「情報インフラをどれだけ整備するかは所長によるところが大きい。積極的な作業所と変化の少ない作業所ではどうしても差が出てしまう。特にスマートフォンやタブレットの活用

に慣れている若手にとって情報インフラの差が時間外労働などの働き方に表れやすい」とし、〝格差の平準化〟を課題にあげる。

　そのため情報インフラの標準化を推進する。作業所や支店間で仕様が異なっていても以前のように閉じた環境では問題なかったのだが、インターネットやICTが急速に発達し、情報がフラットになったことで書類ひとつとってもフォーマットが異なれば全国展開する際の支障になる。そこを改善することで「スケールメリットを出していきたい」と力を込める。

　若者の建設業離れに対してもICTツールの活用は有効になる。「建設業は古い体質の産業と思われていますが、UAV（無人航空機）を積極的に使っている業界であり、電子小黒板のようにタブレットを活用したICTツールなど新たな取り組みを始めています」とし、ICTを使って建設現場の生産性を向上させていることを積極的にPRすることが人材を確保する上でも意味を持つ。ICTによる〝働き方改革〟を推し進めることで、魅力ある建設業の創出に貢献する考えだ。

最大のメリットは写真整理の自動化

協和エクシオ

「いままでとは次元が違う」。通信建設大手、協和エクシオ土木事業本部北町技術センタ所属の安藤亮平工事長は、電子小黒板による業務効率化の効果をこう表現する。現在は使い方の習熟を含めた試行運用の段階だが、今後、着工から竣工まで一気通貫での活用実績を重ね、メリットを明確にしたいと考えている。

土木事業本部では、『現場力』や『働き方』といったテーマごとにプロジェクトチーム（PT）を立ち上げ、水平展開できる施策などを検討、実践している。現場力PTでは、より幅広い視野での活動展開を模索するなか、電子小黒板の存在を知り、チーム内での試験的運用を始めた。

安全性も向上

東京都内の通信線を通す管路の建設工事現場で、電子小黒板を試行活用している。これを操る安藤亮平工事長は、「黒板に必要事項を書く手間が省けるのは大きい。略図や文字の見栄えもいいし、写真全体の中で黒板の位置を自由に調整できる機能もいい。従来の黒板の場合、日中作業では反射が気になることがありますが、それもない」などと効果を列挙する。

物理的に持ち運べる枚数が制限される黒板は、撮影個所ごとに『書いては消して』を繰り返すはめになるが、電子小黒板はいくらでも追加・保存できる。あらかじめ事務所で準備しておけば、設計寸法などを屋外でその都度記入する必要がないため、間違いも起きにくい。また、黒板を持つ人がいらなくなる点は、省人化だけでなく、施工エリ

アに余計な作業員を入れる必要がないため、安全面にも寄与する。

さらに、「最大のメリットは写真整理業務の効率化」と強調する。撮影した写真は、工事名や工種などのカテゴリーごとに自動で仕分けられ、工事写真台帳に保存される。現場から事務所へ戻ったあとに、これまで手作業で行っていた仕分けがいらなくなるわけだ。電子小黒板の文字も自動的に反映されるため、写真1枚ごとの工事情報の打ち込み作業も不要になる。

黒板の位置を自由に設定できる

あらかじめ複数の黒板画像を用意しておく

現場で撮影する写真は、全部で2000枚くらいになるという。安藤工事長は「写真を探し出すゼロから作業を始めるとなると、従来方法の場合、写真の選定やフォーマットへの貼り付け、黒板の文字記入などに丸2日はかかります。電子小黒板は写真が自動的に仕分けられ、文字も打ち込まれており、あとは不要な写真を省くだけの作業になるため、2時間ほどで終わるでしょう」とみている。竣工間際には派遣スタッフに写真整理を手伝ってもらうことも多いが、今後は違う業務を依頼できるようになるなど、人材の効率的活用も期待されている。

「以前は自分でCADやエクセルを使い、必要事項を記入した黒板用の紙を作っていました。それを現場で黒板に貼っては剥がしてという、アナログ版の電子小黒板のようなことをやっていました」と安藤工事長。いまはそんな手間すらもいらない時代になった。本来の出来形管

理記録以外にも、現場の調査写真の整理や大量に搬入される資材の受け入れ記録など、アイデア次第で活用の幅は広がる。「われわれがまだ知らない機能や使い方もあるのでは」と、期待感も漂っている。

まずは前例

電子小黒板の便利さは論をまたないが、工事現場への導入にはハードルがあるのも事実。「現場で撮る写真は、われわれでなく、お客さまのためのものです。お客さまがそのフォーマットを認めてくれないと、ただのスナップ写真になってしまいます」と問題点も語る。

電子小黒板を試行活用しているいまの現場は、あくまでも練習目的で使用し、発注者には従来方法で撮影した写真を提出している。安藤工事長はここでの経験を生かし、今後、別の工事でも電子小黒板を本格導入したい考えで、「まずは前例を作りたい」と意気込む。

現場力PTとしては、17年度を試験期間と位置付け、効果を見極めた上で、以降の配備数などを検討する予定だ。さらに事例を積み重ね、さまざまな導入メリットを明確にしていきたいと考えている。

タブレット端末は、設計図や協議資料など従来紙ベースだった書類をデータで外に持ち出せる点も大きなメリットだ。作業員の高齢化が進むなか、「特に図面の拡大機能は重宝されている」。セキュリティーの面でも、「仮になくしてしまったとしても、パスワードがかかっているため、そう簡単にデータを他人に見られることはない。遠隔操作で場所も分かるし、データを消すこともできる。紛失した場合の外部流出や悪用のリスクは抑えられる」（安藤工事長）。今回購入したタブレットは高価ではあるが、現場用のデジタルカメラ自体が高額なことに加え、大幅な業務効率化につながるメリットを勘案すれば、「コストパフォーマンスは非常に高い」（同）とメリットをあげる。

4章

電子小黒板の使い方

実際に電子小黒板アプリを操作して、工事写真の撮影から写真台帳の作成、電子納品までを体験してみましょう。誰でも手軽に、簡単に電子小黒板の魅力を実感できます。

基礎編

電子小黒板のワークフロー

　この章では、画面写真を豊富に交えつつ、電子小黒板ならではのワークフローを具体的に説明していきます。また、黒板の作成から台帳の作成、出力まで無償で体験できるアプリやソフトウェアを使って解説していきますので、それらをお手持ちの機器にインストールして実際に操作しながらお読みいただくと、より一層、理解が深まります。

1

黒板の準備（作成）をする
- 工事情報を黒板に入力
- 豆図／参考図を黒板に挿入
- 複数の黒板を一括登録

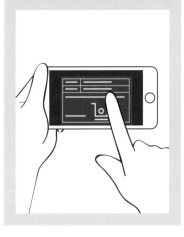

2

工事写真を撮影する
- 黒板の選択
- 黒板の編集
- 黒板付き写真を撮影
- 撮影した写真を確認

4章 電子小黒板の使い方

3
工事写真台帳を作る
- 工事写真台帳を作成
- 台帳へ工事写真と工事情報を一括保存

4
工事写真台帳を出力する
- 工事写真管理ソフトで印刷
- 電子納品形式で出力

使用するアプリとソフト

　説明には、例として株式会社ルクレのiOS用アプリ「蔵衛門工事黒板」と、Windows用ソフト「蔵衛門御用達17 Professional」、「蔵衛門コネクト」を使用します。

　「蔵衛門工事黒板」は、必要な機能をひと通り備えながら、操作もシンプルでわかりやすいので、電子小黒板を理解するのに適しています。一方、「蔵衛門御用達17 Professional」は、写真管理から台帳作成、電子納品にも対応するPC用ソフトウェアです。一ヶ月間、すべての機能が利用できる体験版も用意されています。

　「蔵衛門コネクト」は、「蔵衛門工事黒板」と「蔵衛門御用達17 Professional」間でデータ連携を行うために必要なソフトウェアです。

　対応環境をお持ちの方は、ぜひダウンロードして、本章を読み進めながら操作してみてください。QRコードの読み取りが

蔵衛門工事黒板

こちらから無料で
ダウンロードできます
対応環境▶
iOS 9.0 以降が動作する
iPhone または iPad、iPad Mini

蔵衛門御用達17 Professional

こちらから体験版がダウンロードできます
http://www.kuraemon.com/book
対応環境▶
Windows10、Windows8.1、
Windows7 が動作するPC

できない方は、App Storeから「蔵衛門工事黒板」で検索してください。

　従来の木製黒板とデジタルカメラの組み合わせでは考えられなかった効率化と省力化、記録品質の向上を体験できます。

蔵衛門コネクト

こちらからダウンロードできます
http://www.kuraemon.com/book
対応環境▶
Windows10 ／ Windows8.1 ／ Windows7 が動作するPC

特別付録

30日間有効
「蔵衛門工事黒板」ライセンスキー

　蔵衛門工事黒板は、電子小黒板の作成から撮影まで行えるアプリです。ただし、電子小黒板の大きな利便性のひとつである台帳への連携（写真の自動分類と黒板内容の自動転記）を行うには、ライセンスキー（43,600円／税別）の購入が必要です。

　そこで本書では特別付録として、このライセンスキーの体験版を用意しました（P120参照）。入力してから30日間有効なので、電子小黒板の魅力を存分に試して、実感していただけます。

「蔵衛門ドットコム」 http://www.kuraemon.com/book

蔵衛門工事黒板の起動

1 「蔵衛門工事黒板」のアイコンをタップします。

タップして起動

2 起動画面が表示されます。そのまま画面が切り替わるのを待ちます。

3 利用規約が表示されます。内容をよく読み、問題がなければ「利用規約に同意する」にチェックを入れ、「同意する」をタップします。（利用規約に同意できない場合、「蔵衛門工事黒板」は利用できません）

タップしてチェック

同意する

工事の作成

1 蔵衛門工事黒板を起動すると「新しい工事を追加」画面が表示されます。「工事名」と「施工者」の欄をそれぞれタップして、キーボードから文字を入力します。

タップ

文字を入力

2 入力後「工事を追加」をタップすると、工事件名が入力された黒板が作成されます。この画面がトップ画面となり、今後作成する黒板はここに一覧表示されます。

「工事を追加」をタップ

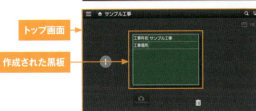

トップ画面

作成された黒板

さらに新しい工事を追加するには

工事名や施行者の異なる新しい工事で使用する場合は、新しい工事を追加します。

1 まず、トップ画面で左上のメニューボタンをタップします。

メニューボタンをタップ

2 すると、メニュー画面が開きます。「工事の切り替え」をタップします。

メニュー画面

「工事の切り替え」をタップ

3 「工事一覧画面」で「新しい工事を追加」をタップします。

「新しい工事を追加」をタップ

工事名と施工者名を入力

画面の説明

　前項「工事の作成」でおわかりいただいたように、「蔵衛門工事黒板」は、非常に直観的でわかりやすく設計されています。ではここで、よく使う画面のユーザーインターフェースを説明しておきましょう。

トップ画面

　トップ画面では、作成した画像の一覧と撮影後の写真を見ることができます。また、黒板の検索や新しい黒板の追加も行えます。

1	メニューボタン	メニュー画面を開きます
2	検索機能	文字を入力して黒板を検索できます
3	階層表示	第二項目ごとに、黒板がカテゴリー分けされて表示されます
4	枚数表示	黒板の枚数を表示します
5	黒板追加	先頭（一番左）の黒板と同じ内容の黒板が追加されます
6	写真一覧	撮影した写真を見ることができます
7	黒板削除	黒板および、その黒板を使用して撮影した写真を削除します ※一度削除すると復元できません。ご注意ください

メニュー画面

メニュー画面では、施工者名の入力や工事の切り替え、設定の変更などを行えます。

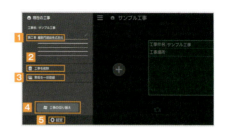

1	施工者名の編集	黒板に表示される施工者名を編集できます
2	工事を削除	その工事にまつわるすべての黒板と写真を削除します ※一度削除すると復元できません。ご注意ください
3	黒板を一括登録	PC用のソフトウェア「蔵衛門コネクト」で作成した複数の黒板を読み込み、一括登録します
4	工事の切り替え	別の工事への切り替えや、新しい工事を追加できます
5	設定	撮影日の表示形式や写真の日付写し込みの設定、アプリのアップデート確認などが行えます

黒板編集画面

トップ画面から黒板をタップすると、黒板編集画面に切り替わります。ここでは、黒板のテンプレートや背景色、文字設定の変更、図の挿入などが行えます。

1	黒板変更	黒板のテンプレートを変更できます
2	背景色	黒板の背景色を選択できます
3	「工事場所」の入力	工事場所を文字で入力できます
4	図の挿入	黒板に直接作図したり、図を読み込んで挿入したりすることができます
5	文字	文字のサイズや色、文字揃え、文字の配置を設定できます
6	撮影日	チェックマークを付けると、黒板に撮影日が表示されます
7	施工者	チェックマークを付けると、黒板に施工者名が表示されます

黒板の準備（作成）

　電子小黒板付き写真を撮影するためには、黒板の準備（作成）が必要です。ここでは、以下の3つの作業を行います。

● 黒板の外観（デザイン）を変更する
● 黒板に文字を挿入する
● 黒板に図を挿入する

1 黒板の準備を始めましょう。まず、トップ画面から編集したい黒板をタップして、黒板編集画面に切り替えます。

編集したい黒板をタップ

2 黒板の準備は、主にこの黒板編集画面で行います。

黒板編集画面

黒板の外観(デザイン)を変更する

蔵衛門工事黒板では、黒板の外観として以下の要素を変更できます。

- テンプレート
- 黒板の色
- 表示項目

ここでは、これらの変更の仕方について説明します。

黒板のテンプレートを変更する

1 蔵衛門工事黒板では、多くの種類の黒板テンプレートを使用できます(ダウンロードが必要です)。テンプレートを変更するには、黒板編集画面の「黒板変更」をタップします。

「黒板変更」をタップ

ライセンスキーの利用で、黒板のテンプレートが500種に!

「蔵衛門工事黒板」と「蔵衛門御用達」を連携させるソフト「蔵衛門コネクト」にライセンスキー(43,600円／税別)を入力することで、500種におよぶ膨大な黒板テンプレートをダウンロードできるようになります。

なお、本書には入力後30日間、無料で使用できる「蔵衛門工事黒板」トライアルライセンスキーが付属しています。詳しくはP120をご参照ください。

2 黒板テンプレートの一覧から、変更したい黒板をタップします。

変更したい黒板をタップ

3 「この黒板を選択しますか?」というダイアログとともに、テンプレートの大きなサムネイルが表示されます。よければ「はい」、選びなおすなら「いいえ」をタップします。

選びなおす　　この黒板を選択する

4 「はい」を選ぶと、黒板編集画面に反映されます。

編集画面に反映

黒板の色を変更する

黒板の地色（背景色）を初期状態の「緑」から「白」「黒」「黄」に変更できます。

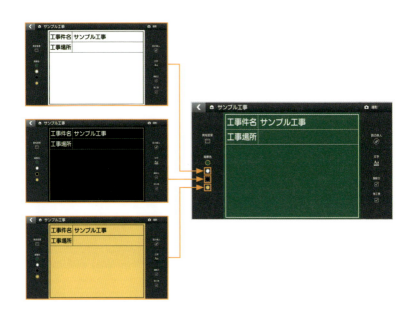

例えば、ホワイトボードを使用している方は、背景色を白にすることで従来と同様の見た目を維持したまま、電子小黒板のワークフローに違和感なく移行できます。

また、工事のカテゴリーによって黒板の色を分けたり、撮影場所の背景色に黒板が埋没しないよう背景色を柔軟に切り替えるなど、デジタルならではの使い方も可能です。

表示項目を変更する

画面右下の「撮影日」と「施工者」それぞれの□にチェックマークを付けると、黒板にその項目を表示できます。チェックマークを外すと非表示になります。

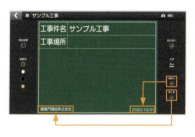

POINT! この時点で変更内容は、まだ反映されていません。この状態でアプリを強制終了したり、端末の電源を切ったりしないようご注意ください。

編集が終わったら

1 黒板の要素を編集すると、その都度編集した結果がプレビューされます。編集終了ボタンをタップします

編集終了ボタン

2 このとき表示されるダイアログで「いいえ」を選ぶと、元の黒板に編集内容が反映され、「はい」を選ぶと、編集内容が反映された黒板が新たに作成されます。この操作は、後から説明する「文字の挿入」や「図の挿入」を行った場合も同様に必要です。

元の黒板に編集内容が上書きされます

編集内容が反映された黒板が新たに作成されます

黒板に文字を挿入する

従来の木製黒板同様、黒板に自由に文字を書くことができます。

1 黒板編集画面で「文字」をタップすると、文字のサイズや色、揃え、配置といった文字設定が表示されます。ここで各項目を設定して文字を入力します。

「文字」をタップ

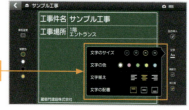

文字設定

2 途中で文字の色を変えたいときは、再度「文字」をタップして、文字の色を指定しなおします。すると、それ以降入力した文字は、指定した色に変わります。

ここから文字の色を黄色に指定

3 文字の色以外の要素は、途中から変えることはできません。また、工事名欄や工種欄など黒板の規定項目部分の文字設定は変更できません。

4 黒板編集画面で編集終了ボタンをタップすると、文字が反映されます。反映のルールは、外観の変更時や図の挿入時と同様です。

手書きでより快適に文字入力!

スマホやタブレットでのキーボード文字入力が難しい、と感じる方は、手書き文字入力アプリをインストールしてみましょう。お勧めは、株式会社MetaMoJiの手書き文字入力アプリ「mazec」(マゼック)。画面に手書きした文字を認識してテキスト文字に変換してくれるので、木製黒板にチョークで手書きする感覚で、美しい文字を入力できます。

なお、建設業向け専門用語辞書を搭載した「建設mazec」もあります。

建設mazecは、建設現場で使われる建築・土木用語を約2万語収録。iPad／iPhone上で、建設用語を簡単・効率的に手書き入力できます。

**手書き文字入力アプリ
「建設mazec」**

価格：¥4,000（年額ライセンス）

こちらから
ダウンロードできます
対応環境▶
iOS 8.0以降。
iPhone、iPad、およびiPod touch

また、「蔵衛門工事黒板」の開発・販売元、株式会社ルクレの工事写真専用タブレット「蔵衛門Pad」は、手書き文字入力機能を標準で搭載。アプリのインストールや設定をすることなく、大画面ならではの快適な手書き文字入力が可能です。

**工事写真専用タブレット
「蔵衛門Pad」**

メーカー希望小売価格：¥99,800（税別）

建設mazec

特別付録

本書では、その快適さを体感していただけるよう、手書き文字入力アプリ「建設mazec」(iOS版)のライセンスコード(体験版)を用意しました。App Storeから「建設mazec」をインストール後、初回起動時※に以下のライセンスコードを入力することで、2018年4月30日まで、すべての機能を無料で使用できます。

※「建設Mazec」アプリ＞「ライセンス情報」からも入力できます。

ライセンスコード（体験版）
MADFB-XP3Y7-MPQR7-TVXYW-YG36D

⚠ このライセンスコードには入力期限（2018年4月30日）があります。
入力期限を過ぎると無効になりますので、ご注意ください。体験ライセンス数は先着5,000台です。

変換例
- 「はつり」と入力▶
  「斫り」「斫り工」など
- 「かんせ」と入力▶
  「間接工事費」「間接照明」
  「慣性モーメント」など
- 「吊」と入力▶
  「吊り足場」「吊り込み」など

収録データの分野
建築・土木現場一般用語／施工管理用語／設備用語／住宅用語／不動産用語／環境調査用語／関係法令用語など

設定のしかた
建設mazecを使用するには、インストール後、以下の設定が必要です。
①iOSの「設定」＞「一般」＞「キーボード」をタップします。
②「キーボード」をタップします。
③表示されているキーボードの一覧から「建設mazec」をタップして、
　「フルアクセスを許可」のスイッチをオン（緑）にします。
④フルアクセスを許可するかどうかを聞いてくるダイアログが表示されたら
　「許可」をタップします。
⑤文字入力時に「」を長押しすると、建設mazecを選択できます。

黒板に図を挿入する

　黒板に図を挿入してみましょう。使用する図を用意する方法はいくつかありますが、ここでは、基本となる「画面上で図を描いて挿入する」方法を解説します。

1 黒板編集画面で、「図の挿入」をタップします。

「図の挿入」をタップ

2 画面左に、図や注釈を作成するツールが表示されます。ここでツールの種類を選択して、黒板のグリッド部分でタッチやスライド操作をすることにより、図を描くことができます。「直線」ツールや「寸法線」で斜線を引くことも可能です。

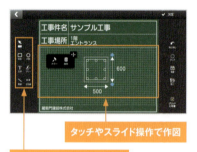

図や注釈を作成するツール

タッチやスライド操作で作図

3 なお、「選択」をタップしてからグリッド上の図や注釈をタップすると、大きさや角度、線種、塗りつぶしなどを再編集できます。
作図が終了したら「決定」をタップします。

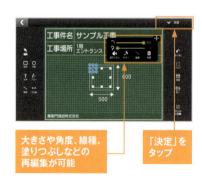

大きさや角度、線種、塗りつぶしなどの再編集が可能

「決定」をタップ

4 「保存して終了しますか?」と聞かれるので、「はい」を選択します。

黒板編集画面で編集終了ボタンをタップすると、図が反映されます。反映のルールは、外観の変更時や文字の挿入時と同様です。

黒板編集画面に図が反映されます

よく使う図を登録する

図入りの黒板が必要になるたびに作図をしたり、「以前に似たような図を使った黒板があったはず……」などと曖昧な記憶をたどりつつ、流用できそうな黒板を探したりするのは大変です。そこで、今後も使いそうな図はあらかじめ登録しておくと便利です。

1 図の編集画面に登録したい図を表示して、「登録」をタップします。

「登録」をタップ

2 「豆図を登録しますか?」と聞かれるので、「はい」をタップします。

表示されている図が登録されます

登録した図を挿入する

1 先ほど登録した図を黒板に挿入してみましょう。図が挿入されていない黒板を新しく作成して、図の挿入画面に移動します。続いて「開く」をタップします。

「開く」をタップ

2 登録されている図の一覧から、使用したい図を選びます。すると「この豆図を選択しますか?」と聞かれるので、「はい」をタップします。

表示されている図を読み込みます

3 読み込んだ図が選択された状態で表示されます。図を好きな場所に移動させて位置を決めたら、「決定」をタップします。

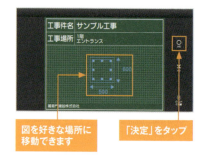

図を好きな場所に移動できます

「決定」をタップ

黒板編集重視派には、タブレットがおすすめ

より細かな図を描いたり、確認したりすることが多い黒板編集重視派の方には、タブレット端末や「蔵衛門Pad」がおすすめです。その理由はいうまでもなく、大画面ならではの高い視認性と快適な操作性。「蔵衛門工事黒板」はiPadやiPad miniにも対応しているので、機器をお持ちの方はぜひ使用感を比べてみてください。※iOS 9.0以上が必要です。

**蔵衛門工事黒板
（iPadで使用）**

蔵衛門Pad

工事写真を撮影する

1 黒板が準備できたところで、いよいよ工事写真の撮影に移りましょう。まず、トップ画面で撮影に使用する黒板を選び、タップします。

撮影で使用する黒板をタップ

2 黒板編集画面で、使用する黒板に間違いがないか確認します。問題がなければ「撮影」をタップします。

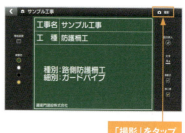

「撮影」をタップ

3 撮影画面になります。まず、主役となる作業箇所や工事の風景がしっかりと画面に入るように構図を決め、黒板を邪魔にならない場所へタッチ＆スライドで移動します。

黒板を移動

4 黒板ができるだけ見やすくなるように、黒板の大きさを調整します。黒板にタッチすると現れる四隅のポイントをスライドすると、黒板を拡大・縮小できます。

黒板を拡大・縮小

シャッターボタン

5 ピントと露出を合わせたい箇所をタップして、シャッターを切ります。このとき、作業箇所や工事の風景を見やすい明るさで、手ブレやピンボケなく写すことに集中しましょう。黒板はデジタル合成されるので、必ずきれいに写ります。

ピントと露出を合わせたい箇所をタップ

6 ピントや露出、手ブレの有無などを確認します。問題がなければ「保存」をタップします。「再撮影」をタップすると、その写真を保存せずに撮影画面に戻ります。

保存せずに撮影モードへ

撮影した写真を保存して撮影モードへ

撮影機能を活用する

「蔵衛門工事黒板」では、撮影時の設定を調整できます。これらを活用することで、より見やすく、最適な工事写真を撮影できます。

なお、解像度は、通常CALS規格から選択して撮影します（発注者から指定がある場合も

解像度設定

あります）。「蔵衛門工事黒板」は高画質（8M）にも対応していますが、高画質になるほど写真の容量が増えるので、台帳にする際には、非常に大きな容量が必要になってしまいます。

工事写真は、工事が進んでしまうと撮り直しが困難なことに加え、改ざんを防ぐ必要から、撮影後に大きさや解像度を変更することもできません（P56参照）。撮影時には、解像度の設定が最適かどうかを必ずチェックしましょう。

POINT!
撮影時には、解像度の設定を忘れずにチェックしましょう。

4章 電子小黒板の使い方

1	**露出**	「-3」～「+3」の間で露出を補正できます
2	**解像度**	「高画質（8M）」「CALS高（3M）」「CALS中（2M）」「CALS低（1M）」から選択できます
3	**フラッシュ**	「オート」「オン」「トーチ（常時点灯）」「オフ」から選択できます
4	**タイマー**	セルフタイマーを設定できます
5	**写真一覧**	撮影した写真を確認できます
6	**黒板表示**	黒板表示の表示／非表示や黒板全画面表示／不透明度を設定できます
7	**インカメラ**	インカメラに切り替えます。解像度は「CALS低（1M）」固定です
8	**回転固定**	画面の回転を固定します

「不透明度」を設定すると、黒板部分を透過表示できます

縦画面での撮影も可能

撮影した写真を確認する

　蔵衛門工事黒板で撮影した写真は、普段、iPhoneのカメラで撮影した場合と同じく「カメラロール」に保存されます。

　最初の一枚を撮影したら、カメラロールに問題なく保存されているか確認しましょう。設定のミスやハードウェアの故障などがあった場合、そのまま撮り続けてしまうと、工事がどんどん進んでしまい、取り返しのつかないことになりかねません。したがって、最初の1枚をしっかりチェックしておくことが大切です。なお、撮影した写真について確認しておきたい項目は、以下の通りです。

　ピントや黒板の内容は、拡大表示してきちんとチェックしましょう。また、日付と時間以外は、5〜10枚を撮影するごとに1枚ずつ確認しておくと確実です。なお、撮影が必要な箇所と黒板の内容、撮影順をあらかじめリスト化して、チェックしながら撮影を進めていくと、撮り忘れの防止や撮影ペースの向上に繋がります。

> **POINT!**
> - 最初の1枚をしっかりチェック
> - 5〜10枚を撮影するごとに1枚ずつ確認
> - 撮影が必要な箇所と黒板の内容、撮影順を事前にリスト化しておく

撮影した写真(確認用)をメールで送信する

「報告書に使いたいから、撮影した写真をメールで送って」

上長から、そんなお願いをされることがあるでしょう。こんなとき、工事写真をデジカメで撮影していた時代なら、撮影した写真を一度PCに取り込んでからメールソフトで送信するのが当たり前でした。けれども、モバイル端末上で動作する工事写真アプリなら、端末からそのまま写真をメール送信できます。

1 カメラロールの表示を「アルバム」に切り替え、「選択」をタップします。

選択

アルバム

2 送信したい画像をタップして(複数選択可)、アップロードボタンをタップします。

送信したい写真を選択

アップロードボタン

3 「メールで送信」をタップすると、画像が添付された状態でメールアプリが起動します。あとは通常のメールと同様に送信します。

メールで送信

　ただし、メールで送信された写真は、工事写真台帳には使用できません。その理由は、ファイルの作成日時、場合によってはサイズやファイル名などがオリジナルの写真とは変わってしまい、「改ざんの疑いあり」と判断されてしまうためです。あくまで「確認用」として使いましょう。

> **POINT!** メールで送信された写真は、あくまで確認用です。工事写真台帳には使用できません。

写真を工事台帳に取り込む準備

撮影した写真を工事台帳に取り込んでみましょう。PCで動作するソフトウェアが必要になるので、ここではその準備をしておきます。

お使いのPCに「蔵衛門御用達」(17以降)がインストールされていない場合、「蔵衛門御用達17 Professional」の体験版をダウンロードしてインストールしてください。すべての機能を30日間無料で利用できます。

また「蔵衛門工事黒板」と「蔵衛門御用達」を連携させるソフト「蔵衛門コネクト for 工事黒板」もインストールが必要です。

撮影した写真を工事台帳に取り込むために必要なもの

工事写真管理ソフト
「蔵衛門御用達」
(17以降)の
製品版または体験版

連携ソフト
「蔵衛門コネクト for 工事黒板」

「蔵衛門御用達17 Professional」の体験版および「蔵衛門コネクト」は、「蔵衛門ドットコム」からダウンロードできます。

「蔵衛門ドットコム」 http://www.kuraemon.com/book

なお、これらソフトウェアの動作環境は、以下の通りです。

OS	Windows10　Windows8.1　Windows7
CPU	Intel系CPU 1GHz以上
メモリ	1.5GB以上推奨
ディスプレイ	1024×768以上の解像度で、ハイカラー以上表示可能なもの
HDD	空き容量200MB以上(プログラム分)。写真を格納するデータ領域は別途必要。CD-R／RW作成、印刷する時は1GB以上推奨。
ブラウザ	Internet Explorer11　Microsoft Edge
Excel	32bit版Microsoft Excel(2007、2010、2013、2016) インストールされていない場合は、一部機能がご利用いただけません
その他周辺機器	カラープリンタ、CD-Rドライブ(CDライティングソフトウェアが必要。Windows OS標準の書き込み機能は適しません)

「蔵衛門御用達17 Professional」体験版の インストール手順

1 PCで「蔵衛門ドットコム」にアクセスして、ページ最下の「サイトマップ」から、「ダウンロード」の「蔵衛門御用達17体験版」をクリックします。

蔵衛門御用達17体験版

2 名前、会社名、メールアドレスを入力して、「体験版ダウンロード」をクリックして、次の画面のテキストリンクをクリックすると、体験版のインストーラー「pro17trial_lecre.exe」がダウンロードされます。

「蔵衛門御用達17体験版」
ダウンロードページ
http://www.koujishashin.com/download/trial

名前、会社名、メールアドレスを入力

このとき、テキストリンク上で右クリックして、「名前を付けてリンク先を保存」を選ぶと、インストーラーを好きなフォルダにダウンロードできます。

テキストリンク

3 「pro17trial_lecre.exe」をダブルクリックすると、「17taiken」フォルダができます。

pro17trial_lecre.exe

インストール前にお読みください.txt

4 「17taiken」フォルダ内の「インストール前にお読みください.txt」を開いて中の文章に目を通します。「SETUP.EXE」をダブルクリックすると、インストールが始まります。

SETUP.EXE

「蔵衛門コネクト」のインストール手順

1 PCで「蔵衛門ドットコム」にアクセスして、ページ最下の「サイトマップ」から、「ダウンロード」の「蔵衛門コネクト」をクリックします。

蔵衛門コネクト

2 「蔵衛門Pad(Android)」用と「蔵衛門工事黒板(iOS)」用が表示されるので、「蔵衛門工事黒板(iOS)」の「ダウンロードはこちら」ボタンをクリックします。

「蔵衛門コネクト」
ダウンロードページ
http://www.kuraemon.com/
download/connect

「蔵衛門工事黒板(iOS)」用を
ダウンロード

3 テキストリンクをクリックすると、インストーラーがダウンロードされます。このとき、テキストリンク上で右クリックして、「名前を付けてリンク先を保存」を選ぶと、インストーラーを好きなフォルダにダウンロードできます。

テキストリンク

4 ダウンロードされたインストーラーをダブルクリックすると、「蔵衛門コネクト」のインストールが始まります。

「蔵衛門コネクト」にシリアルIDとライセンスキーを入力する

「蔵衛門工事黒板」のすべての機能を使用するには、ライセンスキー（43,600円／税別）の入力が必要です。しかし本書では、電子小黒板の利便性を余すことなく体験していただくため、このライセンスキーについても体験版を付録として用意しました。入力から30日間、無料ですべての機能を体験できます。

> 「蔵衛門工事黒板」トライアルライセンスキー（30日間有効）
> **KKTR-QWM4-43HS-06DG**

⚠ トライアルライセンスキーは予告なく使用不可になる場合がございます。あらかじめご了承ください。

シリアルIDとライセンスキーの入力のしかた

1 「蔵衛門コネクト for 工事黒板」アイコンをダブルクリックして、起動します。

ダブルクリック

2 「蔵衛門コネクト for 工事黒板」でできることを確認して、「はじめる」をクリックします。

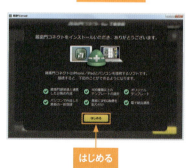

はじめる

3 初回起動時のみ、情報の登録が必要です。

「蔵衛門工事黒板」のシリアルIDを入力して、「次へ」をクリックします。

シリアルIDを入力 　次へ

シリアルIDを確認するには

シリアルIDとは、「蔵衛門工事黒板」のシリアルIDのことです。「蔵衛門工事黒板」で、メニューボタン＞「設定」とタップすると、確認できます。

設定

シリアルID

4 ライセンスキーを入力します。お持ちでない場合は、本書付録のトライアルライセンスキー（P120参照）が利用できます。

ライセンスキーを入力 　次へ

5 トライアルライセンスキーをご利用の場合のみ、利用者名と会社名、メールアドレスの入力が必要です。入力したら「次へ」をクリックします。

6 残りのトライアル期間を確認して「はい」をクリックします。
入力したら「次へ」をクリックします。

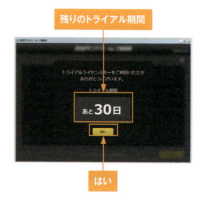

以上で、「蔵衛門工事黒板」と「蔵衛門御用達」の連携のための準備は終了です。

工事写真台帳の自動作成を実行する

　電子小黒板の使い方（基礎編）のまとめとして、工事写真台帳の自動作成を行ってみましょう。まず、黒板の情報と台帳の関係を理解してから実際の操作に進んでください。なお、使用するソフトウェアのインストールやライセンスキーの入力といった準備（P120 1参照）は、すべて済んでいるものとします。

黒板の情報と台帳の関係を理解する

　「蔵衛門工事黒板」は、電子小黒板の情報に合わせて自動的に写真を整理、工事写真台帳を作成します。ここでは、電子小黒板のどの情報が台帳のどの部分に活用されるのかを解説しましょう。これを覚えておけば、写真をどう仕分けるかや台帳の使いやすさをあらかじめ考慮しながら、電子小黒板を作成できるようになります。

自動作成の実行

1 端末をPCにケーブルで接続します。

2 端末がPCにきちんと認識されていることを確認して、PCで「蔵衛門コネクト」を起動します。メインメニューで「台帳」を選択して「次へ」をクリックします。

台帳を選択

次へ

3 「蔵衛門工事黒板」に登録されている工事が表示されます。台帳化したい工事を選択して「次へ」をクリックします。

台帳化したい工事を選択 次へ

4 写真の仕分け方法を選択します。黒板の第二項目名(工種や工事場所など)ごとに仕分ける場合は「標準」を、第三項目名を使用してより細かく仕分けたい場合は「カスタム」を選びます。今回はとりあえず「標準」を選び、「次へ」をクリックします。

ここでは「標準」を選択 次へ

5 「蔵衛門御用達」が起動して、工事件名の本棚を選択する案内が表示されます。案内を確認して、「OK」をクリックします。

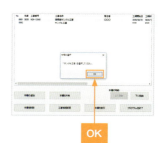

6 「蔵衛門御用達」の工事一覧から、台帳を作成したい工事名を選択します。続いて、「本棚を表示」ボタンをクリックします。

7 指定した工事に関する台帳が自動作成され、写真が自動的に読み込まれます。「蔵衛門コネクト」を終了するダイアログが開くので「OK」をクリックします。なお、台帳は黒板の第二項目名の種類だけ作成されます。

8 台帳を見ると、自動的に写真が読み込まれ、黒板に付記されていた情報が文章欄に転記されていることがわかります。

9 台帳のウィンドウをすべて閉じると、自動作成された台帳が本棚に追加されているのがわかります。背表紙のタイトルは、黒板の第二項目名になっています※。

※写真の仕分け方法で「標準」を選択した場合

完了した工事の写真を削除する

「蔵衛門工事黒板」で保管している写真は、工事案件単位で写真を削除できます。メニューの中の「工事を削除」をタップすると、その工事にまつわる黒板と写真が削除されます。

工事を削除

応用編

さらに使いこなすには

4章 電子小黒板の使い方

　ここからは応用編として、「蔵衛門工事黒板」の「知っておくと便利なワンランク上のテクニック」を実際の運用に近い形で紹介します。その内容は以下の通りです。

1. 柱断面リストから配筋の豆図を切り出す
2. Excelに配筋の数値を入力する
3. 電子小黒板に配筋の豆図と数値を一括で入力する

　事前に黒板をPCで作成しておけば、現場ではそれらを選んで撮影するだけで済み、現場で作成する手間や時間のロスがありません。また、PCは広い画面で作業しやすく、データ活用の幅も広いため、黒板の作成効率や品質も向上します。さらに、撮影と黒板の作成を分業して、一人あたりの作業を軽減することもできます。

※PC、端末ともインターネットに接続されている必要があります。

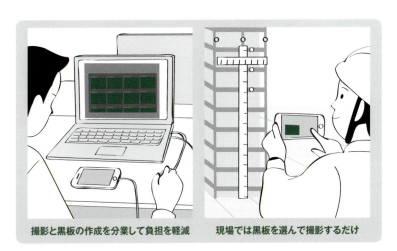

撮影と黒板の作成を分業して負担を軽減　　現場では黒板を選んで撮影するだけ

配筋用の電子小黒板を
効率よく一括で作成する（建築）

では、配筋用の電子小黒板を作成してみましょう。複数の黒板を効率よく作成するために、必要な配筋の豆図を用意します。

黒板で使用する配筋の豆図をすべて用意します

柱断面リストから配筋の豆図を切り出す

配筋の豆図は、工事で使用する柱断面リストの画像から切り出します。使用する画像ソフトはどんなものでも構いません。ただし、切り出した画像をJPEG形式で保存できるものを使います（「蔵衛門工事黒板」では、黒板に貼り付けられる画像はJPEG形式のみです）。

配筋図の切り出しにどんな画像ソフトを使えばいいかわからない場合は、Microsoft Windows 7以降に標準でインストールされている「Snipping tool」がおすすめです。「スタート」のアプリリストの「Windowsアクセサリ」に格納されています。使い方は、以下の通り。

1 柱断面リストを適切な倍率で画面に表示し、「Snipping tool」を起動します。

「Snipping tool」のメニュー

柱断面リスト

2 「新規作成」をクリックします。画面が白くなったら、マウスをドラッグして、切り出したい配筋図を枠で囲みます。

3 切り出した画像をJPEG形式で保存します。このとき、ファイル名は「3階_C1.jpg」のように、「使用する場所＋連番」になるように付けておくと便利です。

切り出した配筋図を保存

4 「新規作成」をクリックして、次の配筋図を切り出します。この操作を繰り返します。

5 切り出した配筋図は、フォルダにまとめて保存しておきます。

> **POINT!** 豆図は画像の名前順に登録されます。一括登録するフォルダ内の豆図の名前を事前に変更しておくとスムーズに登録ができます

Excelに配筋の数値を入力する

続いて、ＰＣを使って黒板に記入する配筋の数値をExcelのシートにまとめて入力します。これにより、端末画面で個別に入力するより大きく手間を省くことができ、また、数値が共通のセルにはコピー＆ペーストが使えるなど、作業時間を圧倒的に短縮できます。

作成するExcelシートの行は黒板の項目に合わせ、列の順は、黒板の項目に合わせます。

行は「使用する場所」

列の順は、黒板の項目順

電子小黒板に配筋の豆図と数値を一括で入力する

では、用意した豆図と数値を電子小黒板に入力しましょう。

1 「蔵衛門コネクト」を起動します。メニューから「黒板」を選択して「次へ」をクリックします。

2 登録済みのシリアルIDから、黒板を登録する工事を選択します。ここでは「新しい工事に登録」を選択して、「次へ」をクリックします。

3 工事名と施工者名を入力して「次へ」をクリックします。

4 使用する黒板のテンプレートを選択します。数値を入力したExcelシートの項目に合わせてテンプレートを選択しましょう。右上のボタンで、黒板の色も変更できます。選択したら「次へ」をクリックします。

数値を入力したExcelシートの項目に合わせて選択

次へ

5 「豆図を一括登録」をクリックします。

6 切り出した豆図をフォルダごとドラッグ＆ドロップします。

7 豆図の項目部分にファイル名が入ります。

8 続いて、同じ画面に配筋の数値を入力します。配筋の数値を入力したExcelのシートを開いて、入力したいセルをすべて指定し、コピーします。

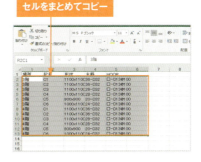

9 「蔵衛門コネクト」のセルにペースト（貼り付け）します。このとき、コピー元とペースト先のセルの数が同じでなければならないことに注意してください。ちなみに「蔵衛門コネクト」のセルをまとめて指定するには、行の項目名セルをドラッグします。

配筋図と数値の数と内容が合っているか、確認します。配筋図と数値の並び順を元の柱断面リストに揃えたのは、ここでそれぞれの関係を維持するためです。問題がなければ「次へ」をクリックします。

10 確認ダイアログが表示されます。「はい」をクリックすると、入力した黒板情報が「蔵衛門工事黒板」に転送されます。

11 「蔵衛門工事黒板」を起動して、メニュー画面から「黒板を一括登録」をタップすると、作成した黒板が一括で読み込まれ、登録されます。「工事の切り替え」をタップしてみましょう。

12 新しく作成した工事が読み込まれています。黒板をタップして、配筋図と数値が入っていることを確認しましょう。

なお、豆図は黒板編集画面で「図の挿入」をタップすると、移動や拡大縮小できるようになります。

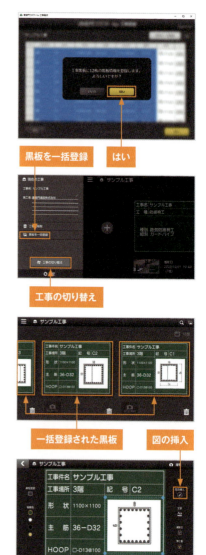

電子納品の機能を利用する（土木）

国土交通省をはじめとする公共工事分野を中心に増えつつある「電子納品」。各入力項目のコードやデータのフォルダ構成が「電子納品要領」として細かく既定されており、それらに従って撮影や工事写真台帳の作成を行う必要があります。

工事写真情報から電子小黒板を作成

しかし、一般公開されている電子納品用データ作成ツールの多くはわかりにくく、インターフェースもこなれているとはいえません。こういった状況から、電子納品には「難しそう」「大変そう」というイメージを抱いてしまいがちです。しかし、きちんと操作法を覚えれば、そんな電子納品のための撮影や工事写真台帳の作成も意外なほど簡単に行えます。

では、電子納品の機能を実際に使ってみましょう。

なお、内容と手順は、以下の通りです。

1. 電子納品要領の工事情報を入力する
2. 電子納品対応の黒板を作成する
3. 電子納品対応の電子小黒板で撮影する
4. 工事写真を撮影
5. 電子納品対応の工事写真台帳を作成する

電子納品要領の工事情報を入力する

まず、「蔵衛門御用達」で、電子納品の様式に必要な工事情報を入力します。「蔵衛門御用達 Professional」は電子納品に対応した操作ガイドがあり、住所コードや業務分野コードなど、多くのコードを内蔵しているので、別の資料で調べることなく入力できます。

1 「蔵衛門御用達」を起動して、「本棚の追加」をクリックします。

2 ダイアログが表示されるので、「工事情報を新規に登録して本棚を追加する」を選択して「OK」をクリックします。

3 作成する電子納品要領を選択します。なお、下段のテキストエリアには、選択されている要領の説明が表示されます。要領を選択したら「▷」をクリックします。

【注意】ここで選択した要領は、後から変更できません。慎重に選択しましょう。

4 準拠する電子納品要領を選択して、「▷」をクリックします。

準拠する電子納品要領を選択

5 工事情報を入力します。
「追加」ボタンのある項目では、日本語の科目名からコードを逆引きして簡単に入力できます。なお、この後、ウィザードの画面が続くので、必要項目をすべて入力してください。

「追加」ボタン

日本語の科目名から
コードを逆引きして簡単に入力

6 ウィザードでの入力が終了すると、工事一覧に新しい本棚が追加されます。新しい本棚を選択して「本棚を表示」ボタンをクリックします。

新しい本棚　　本棚を表示

電子納品対応の黒板を作成する

　工事情報をもとに電子納品対応の黒板を作成して、「蔵衛門工事黒板」に転送します。

1 本棚を表示すると、写真整理ツールが起動します。「参照>>」ボタンをクリックします。

2 右側に参照先が開きます。「分類マスタ」をクリックします。

3 登録したい分類にチェックを入れます。なお、ここで選択した分類は、後で黒板の「写真区分」に反映されます。

> 登録したい分類にチェック

4 「<<」ボタンをクリックすると、左側の写真整理情報に選択した分類が取り込まれます。次に「工種マスタ」をクリックします。

> 選択した分類が取り込まれる

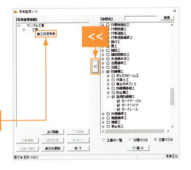

5 工事の工種を登録します。参照先から登録したい工種にチェックを入れ、写真整理情報から登録先の分類を選択します。なお、選択した工種は、後で黒板の「工種」に反映されます。

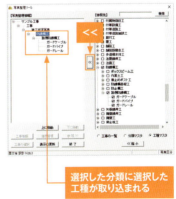

> 選択した分類に選択した工種が取り込まれる

6 「×」ボタンをクリックして、「蔵衛門御用達 Professional」を終了します。

7 「蔵衛門コネクト」を起動して「黒板」を選択し、「次へ」をクリックします。

黒板

8 シリアルIDを選択して「次へ」をクリックします。

次へ

9 「電子納品」をクリックします。

電子納品

10 電子納品に使用したい本棚を選択して「次へ」をクリックします。

電子納品に使用したい本棚を選択

次へ

11 撮影する写真情報にチェックを入れて「次へ」をクリックします。

撮影する写真情報にチェック

次へ

12 使用したい電子小黒板のテンプレートを選択して「次へ」をクリックします。

使用したいテンプレートを選択

次へ

13 写真区分ごとに工種や備考、豆図を登録できます。豆図を一括して登録することもできます。登録を終えたら「次へ」をクリックします。

次へ

14 登録される黒板の数が表示されます。「はい」をクリックすると、作成された黒板が「蔵衛門工事黒板」に転送されます。

はい

電子納品対応の電子小黒板で撮影する

1 「蔵衛門工事黒板」を起動して、メニューの「黒板を一括登録」をタップします。黒板が読み込まれたら、「工事の切り替え」をタップしてみましょう。

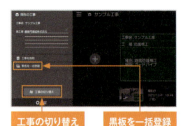

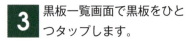
工事の切り替え　　黒板を一括登録

2 新たに「電子納品対応」マークの付いた工事が追加されているのがわかります。これをタップします。

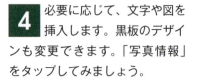
電子納品対応マーク

3 黒板一覧画面で黒板をひとつタップします。

黒板をタップ

4 必要に応じて、文字や図を挿入します。黒板のデザインも変更できます。「写真情報」をタップしてみましょう。

写真情報

5 写真情報画面に切り替わります。「▼」の付いた項目は、プルダウン式のメニューになっています。

プルダウン式メニュー

写真情報画面では、写真タイトルの入力をはじめ、写真区分や工種などの変更を行えます。入力が終了したら、「黒板情報」をタップして黒板編集画面に戻ります。
黒板一覧画面に戻ると、編集内容が反映（上書き）されます。

写真タイトルを入力

写真区分や工種などを変更

6 では、工事写真を撮影してみましょう。黒板一覧画面から使用する黒板を選択して「撮影」をタップします。

撮影

7 工事写真を撮影します。

8 撮影した写真をチェックしておきましょう。撮影画面で、画面右のサムネイルをタップします。

サムネイル

9 「写真情報」をタップすると、写真タイトルや写真区分、工種などに加え、JACIC（一般財団法人 日本建設情報総合センター）が提供する改ざん検知機能のマークを確認できます。

写真情報

電子納品対応の工事写真台帳を作成する

1 蔵衛門工事黒板を起動した状態で端末がPCに接続されていることを確認して、「蔵衛門コネクト」を起動します。

2 「台帳」を選択して「次へ」をクリックします。

3 台帳を作成する工事を選択して「次へ」をクリックします。

4 写真を仕分ける方法を選択して「次へ」をクリックします。

【注意】仕分け方法は後から変更することもできますが、同じ写真が複数の台帳に登録されてしまう場合があり、おすすめできません。なるべく変更せずに済むよう、慎重に選択してください。

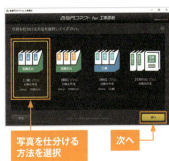

4章 電子小黒板の使い方

5 台帳を保存する本棚を確認して「次へ」を「クリックします。

次へ

6 「蔵衛門コネクト」が終了して、自動的に「蔵衛門御用達 Professional」が起動します。

7 3で選択した（工事写真台帳を作成中の）工事を選び、「本棚を表示」をクリックします。

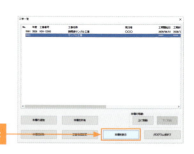
本棚を表示

8 工種や細別ごとに作成された工事写真台帳が区分のボックスに入ります。作成された台帳をクリックしてみましょう。

ボックス

工事写真台帳

9 写真タイトルや分類、区分などが文章欄へ自動転記されていることが確認できます。

自動転記された写真タイトルや分類、区分など

10 なお、写真整理ツールの「工事情報」をクリックすると、工事情報を修正することもできます。

工事情報

工事情報の修正が可能

4章 電子小黒板の使い方

5章

資料

すでに多くの電子小黒板アプリが発表されています。本章ではその中でも代表的なアプリを紹介します。また、(一社)日本建設業連合会が公開している「施工者のための電子小黒板導入ガイド」も併せて紹介します。

使える! 電子小黒板アプリ12選

従来の工事写真管理業務に、品質と効率化の両面で革新をもたらす電子小黒板。ここでは、その利便性を余すところなく活用できるアプリ12本を厳選。対応OSや独自機能、導入のコストなど、それぞれの魅力と特長をわかりやすくご紹介します！
（掲載は五十音順）

iOS用アプリ

蔵衛門工事黒板

株式会社ルクレ　☎03-5468-5253

PC用工事写真管理ソフトの定番「蔵衛門御用達」と高度に連携。台帳作成時に写真の分類と黒板情報の転記を一括して自動で行うなど、工事写真業務を大幅に省力化する。使い勝手も従来の木製黒板に近く、誰でも直感的に黒板の作成と撮影が可能。豆図や参考図も手軽に作成。描画エリアにグリッドが表示されるため、並行・直角など美しい直線を引くことができるうえ、直線・寸法線・矩形・円形や点線・塗りつぶしなど、ツールも充実。PCとの連携機能以外は無料で使用できるので、気軽に試せるのもポイント。iPhone／iPadに対応。

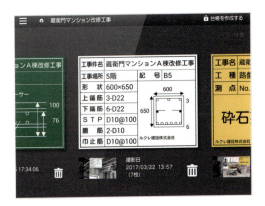

対象OS	導入コスト(税抜)	黒板テンプレート数	電子納品対応	NETIS登録
iOS 9.0以降	無料	500以上※	○	○

※ご利用には別途ライセンスキー（有償）が必要

アプリ内蔵のタブレット型端末

蔵衛門Pad
株式会社ルクレ　☎03-5468-5253

販売実績NO.1[※]の工事写真専用タブレット端末。同社の電子小黒板アプリ「蔵衛門工事黒板」と同等の機能と、10.1型の大型液晶画面ならではの快適な操作性を実現。手書き文字入力も標準装備。従来の木製黒板同様の感覚で工事情報を入力できる。また、810万画素のカメラとLEDライトを搭載。暗所でも作業箇所をキレイに撮影可能。外装は防塵・防水に加え、アメリカ国防総省が規定する米軍採用規格試験レベルの耐衝撃性能を実装している。

※ミック経済研究所「ミックITリポート2月号」電子小黒板アプリ出荷ライセンス数2016年度(予測)より

対象OS	導入コスト(税抜)	黒板テンプレート数	電子納品対応	NETIS登録
―	99,800円	500以上	○	○

iOS用アプリ

現場 DE カメラ PRO
ダットジャパン株式会社　☎011-207-6211

PC（黒板作成ツール）で作成した黒板データの取り込みが可能。黒板の表示項目と写真情報が連携され、計測実績値などを入力しながら撮影できる。また、黒板自体が撮影リストに。撮影箇所ごとに図面や撮影枚数を確認できるので、撮り忘れ・撮り間違いの防止に大きく貢献する。撮影した写真は自動振分され、写真管理の作業効率がより向上。同社のデジタル写真管理＆電子納品支援統合アプリケーション「現場編集長CALSMASTER」とのデータ連携は、クラウドサービスを介さず、Wi-Fiや「iTunes」から利用可能。

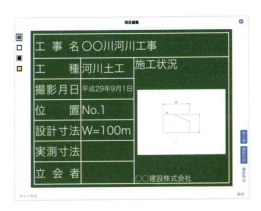

対象OS	導入コスト(税抜)	黒板テンプレート数	電子納品対応	NETIS登録
iOS 9.0以降	無料	11	○	✕ 今後登録予定あり

iOS用アプリ

工事写真

株式会社Booth ☎072-741-6394

撮影した写真はクラウドサーバーに自動保存。PCからもアクセスできる。また、写真アルバムを自動で作成。黒板に入力した工事名や工種の情報を元にフォルダが生成され、写真を自動的に振り分けて保存。フォルダ内の写真は、測点順または日付順にソートされる。これにより、従来の手作業に比べ、85％の事務コストを削減可能に。なお、この写真自動整理技術は特許取得済。国土交通省が推奨する信憑性確認（改ざん検知機能）も搭載している。iPhoneのほか、カメラ付iPod touchにも対応。NETIS登録技術。

対象OS	導入コスト（税抜）	黒板テンプレート数	電子納品対応	NETIS登録
iOS 9.0以降	[ビジネス版] 38,000円／年※1 [通常版] 3,800円／30日※2	10	✕ 今後対応予定あり	○

※1　ライトユーザープラン　バックアップサーバー容量 10GB
※2　その他アプリ内課金の有料オプションあり

iOS、Android用アプリ

SiteBox 出来形・品質・写真
株式会社建設システム　☎0545-23-2600

工事写真撮影はもちろん、出来形管理やコンクリート品質管理まで可能な唯一の統合施工管理アプリ。実測値の記録と工事写真の撮影をスマートフォン1台で運用。記録した実測値、撮影した写真は「KSデータバンク」に保管され、紛失等の対策にも有効。施工管理システム「デキスパート」と連動し、現場監督が今まで徹夜で作業していた電子納品の写真整理、出来形・品質管理図がボタン1つで作成可能。働き方改革実現のためのツールとして、小規模工事から大規模工事まで、すでに15,000件以上の利用実績を持つ。

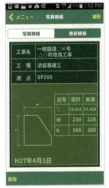

対象OS	導入コスト(税抜)	黒板テンプレート数	電子納品対応	NETIS登録
iOS 8.0以降 Android 4.0.3以降	12,000円／ 年・1ID[1]	25[2]	○	申請中

※1　ご利用には別途、クラウドサービス「KSデータバンク」が必要。KSデータバンク利用料：6,000円／年・10GB(ユーザー数の制限はなし)
※2　その他黒板に関しては、あらゆる黒板の形にカスタマイズ可能な、黒板エディタ（仮称）を提供予定

iOS用アプリ

写達 for iPad
株式会社アウトソーシングテクノロジー　☎03-3273-3401

iPad専用の写真撮影アプリケーション。写真管理ソフトウェア「写真の達人」（Windows PC対応）のオプションソフトで、利用には「写真の達人」が必要。「写真の達人」で作成した写真管理ツリー構成をサテライトサーバ経由で（iPad上に）取り込み、仕分けBOXを選択して撮影。その後同期を行うことで「写真の達人」に写真が仕分けされて取り込まれる。手作業による写真の整理が不要で、現場作業の時短に効果的。工種種別ごとにiPadに同期できるので、分業が可能。写真確認のためのメール送信機能も装備。

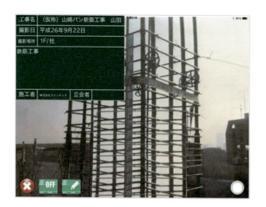

対象OS	導入コスト(税抜)	黒板テンプレート数	電子納品対応	NETIS登録
iOS 9.0以降	15,800円※	4	○	×

※ご利用には別途、サテライトサーバが必要。サテライトサーバ利用料：2,000円／月・1ID

iOS用アプリ

証助

株式会社h2ワークス　☎03-5823-4271

撮影時の附帯情報とともに写真を管理できるサービス。まず、PCから「証助クラウド」で「情報板」のテンプレート（電子小黒板）を作成。これをもとに、「証助アプリ」（iPad・iPhone対応）で情報板を作成し、現場写真に合成して撮影する。撮影した写真は、「証助クラウド」へのアップロード時に自動整理。さらに、整理ツール（Excelマクロ等）を利用することで、報告書の作成も省力化。なお、応用技術株式会社と共同で開発した「証助BPO（Business Process Outsourcing）版」も発売中。

対象OS	導入コスト(税抜)	黒板テンプレート数	電子納品対応	NETIS登録
iOS 9.0以降	詳細は販売代理店にお問合せください	証助クラウドの管理コンソールで自由に作成可能	○	× 今後登録予定あり

Android用アプリ

上出来8 現場カメラ

株式会社ピースネット　☎0192-26-6331

「上出来BEST8 写真管理」と連動して、現場写真の撮影作業を効率化。電子小黒板画像を現場写真（JPG）に合成、Exifに入力データを埋め込み、電子小黒板の機能をフル活用できる。一方、電子小黒板非対応の工事にも対応。追加情報を写真データのEXIFに格納せず、別ファイルにして出力可能。「上出来BEST8 写真管理」に、施工管理値（設計値、実測値など）データとして取り込む。データ連動の方法は、Googleドライブ経由の「クラウド連動」と、PCとデバイスを直接接続する「ＵＳＢ連動（MTP接続）」の二種類から選択可能。

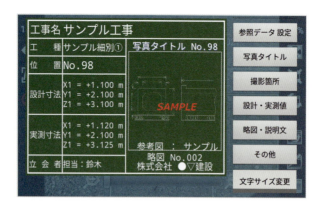

対象OS	導入コスト（税抜）	黒板テンプレート数	電子納品対応	NETIS登録
Android 4.2以降	240,000円※	21	○	×

※「上出来BEST8」各商品の導入が必要　①「上出来 BEST8 写真管理」・基本部…参考価格：100,000 円・現場カメラオプション…参考価格：100,000 円
②「上出来 BEST8 保守契約」…参考価格：40,000 円より（保守契約期間は年単位、導入構成により価格が変わります。）

iOS、Android用アプリ

電子小黒板PhotoManager
株式会社ワイズ　☎026-266-0710

写真管理ソフト「PhotoManager」(Windows PC用)のスマートフォン向けアプリ(無料)。iPhone、iPad等のiOS端末、Android端末のいずれにも対応する。Googleドライブ等のオンラインストレージと、「PhotoManager」(フリー版あり)を併せて利用することで、クラウドへの写真自動取り込みや自動整理、工事情報の連携をサポート。撮影時に入力した情報は、メタデータとしてEXIFに保存される。CADやPDFから図を貼り付けて、電子小黒板を事前に作成することも可能。

対象OS	導入コスト(税抜)	黒板テンプレート数	電子納品対応	NETIS登録
iOS 9.0以降 Android 5.0以降	無料	10	○	申請中

Windows用アプリ

TREND-FIELD

福井コンピュータ株式会社　☎0570-039-291

多目的に活用できる現場端末システム。事務所同様、現場でもCADデータを画面に映しながら作業が可能。また、CAD編集機能を搭載、各種観測業務と同時にCADデータの編集作業を行うなど、内業作業の削減と作業の効率化に貢献。さらに、「i-Construction」実地検査にも対応、Bluetoothなどを使用してTS／GNSSとの接続、任意に観測した点と計画面の標高較差または水平較差の確認・記録が可能。同社の測量、土木施工の両商品とも連携する。なお、電子小黒板付き写真撮影は「土木基本セット」のみの機能。

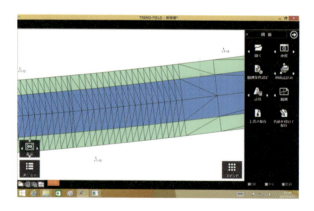

対象OS	導入コスト（税抜）	黒板テンプレート数	電子納品対応	NETIS登録
推奨ハードに準じる（パナソニック TOUGHPAD FZ-G1、TOUTHBOOK CF-20）	80,000円／年※	7	×	× ※電子小黒板に関して

※オプションプログラムは別途購入が必要

iOS用アプリ

ミライ工事2

太陽工業株式会社　☎0120-917-550

デジタルカメラと電子小黒板が一体となったiPhone・iPad用アプリ。撮影した写真はクラウドサーバーに保管され、工事写真台帳を自動作成。工事写真に関わる業務が効率化される。また、クラウドサーバーへはPCからもアクセス可能。現場で撮影された写真を他の端末からもリアルタイムで確認でき、複数現場の同時管理や台帳の共同編集にも対応する。なお、自動作成された台帳のPDFは、URLリンクまたはファイル自体をメールなどで簡単に共有。アプリ／PC間、あるいは本人／関係者間で、よりシームレスに作業を行える。

対象OS	導入コスト（税抜）	黒板テンプレート数	電子納品対応	NETIS登録
iOS 10.0以降	無料	2	×	×

iOS用アプリ

RICOH SnapChamber
リコージャパン株式会社　☎050-3534-1055

リコージャパンが提供する、オンラインストレージサービス「RICOH SnapChamber」のiPhone専用アプリケーション。電子小黒板機能を搭載し、いつでも、どこでも、簡単に電子小黒板写真の撮影が可能。撮影リスト取り込み機能を使用して、撮影リストから入力フォームを自動生成。また、黒板編集機能で黒板の表示内容をカスタマイズできる。さらに「RICOH SnapChamber」との連携で、現場と事務所のシームレスな連携を実現。写真データの紛失、スマートデバイスが破損した場合でも復旧が可能。

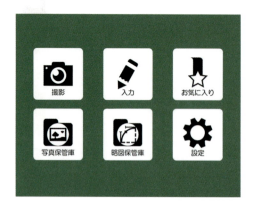

対象OS	導入コスト(税抜)	黒板テンプレート数	電子納品対応	NETIS登録
iOS 8.4以降	980円／月・1ID※	24	○	○

※アプリは無料。上記はクラウド契約料

施工者のための
電子小黒板導入ガイド

電子小黒板でできること

　電子小黒板とは従来の物理的な工事小黒板に代わり、スマートフォンやタブレット（以下スマートデバイス）上で動作するアプリケーションによって生成した電子的な小黒板画像を言う。同アプリ上でスマートデバイスのカメラ機能によって撮影した画像に小黒板画像を組み込み、従来の物理的な小黒板を写し込んだ写真と同等の工事写真を撮影することができる。

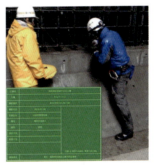

従来の工事写真㊧と電子小黒板を写し込んだ工事写真㊨

　これにより、従来苦労していた雨天時の黒板記入の改善や黒板の持ち手が不要になることでの省人化、黒板の空中配置等が可能となる。
　また黒板の内容はテキストデータとして画像ファイルのデータ領域（Exif）に格納されるため、２次的な活用も期待できる。日建連の試算では、工事写真の整理に要する時間は、１回あたり６０分／１週間分⇒５分／１週間分となることが見込まれている。

信憑性の担保

このような電子小黒板技術はなにも最近開発されたものではなく、何年も前からスマートデバイス上のアプリとして散見されていた。しかしながら国土交通省では過去に起きたデジタル工事写真の改ざん事件を受けて、画像の回転や明るさ補正を含めた一切の画像改変を禁止している。電子小黒板については、撮影した写真に小黒板画像を組み込む行為は画像改変には当たらないとしており、今回の仕組みの中には信憑性担保のための改ざん検知機能を有していることが大きな特徴と言える。施工者は一定の要件を満たす改ざん検知機能を自社ツール等に組み込むか、下記を参照して対応する市販のツールやソフトウェアを確認して使用する必要がある。

※デジタル工事写真の小黒板情報電子化対応ソフトウェアの一覧（JACIC）

※信憑性チェックツール（無償）（JACIC）

http://www.cals.jacic.or.jp/CIM/sharing/index.html

ツールの構成

電子小黒板の活用には次の3つのツールやソフトウェアを構成する必要がある（図①）。

図①　電子小黒板活用に必要なツールやソフトウェアの概念図

1．撮影ツール

　スマートデバイス上で動作し、電子小黒板の作成と工事写真の撮影を行う。使用頻度の高い黒板の保存や豆図の登録、読み込み等もこのツール上で行う。

2．取込みツール

　撮影ツールと写真管理ソフトを繋ぐ役割を担う。クラウドサーバーを経由する場合やWi-fiによる接続、ケーブルによる接続など様々な形式が存在し、ツール毎に異なる。撮影ツールと一体の場合もある。

3．写真管理ソフト

　事務所のパソコン上で動作し、取り込んだ写真を工種・種別などを基に自動的に振り分け、写真に改ざんがないかをチェックする。必要に応じて写真タイトルなどの情報を付与し、電子納品形式で出力したデータを発注者へ提出する。

各ツールやソフトウェア間の互換性（2017年8月1日現在）

　市販の撮影ツールや写真管理ソフトウェアを選択する際に注意しなければならない事項として互換性の問題がある。図②に現在市販されている各ツールやソフトウェア間の互換性を示す。互換性のない組合せではExif内に格納した工種・種別・細別等のデータが正しく認識されず、自動振分け機能等が動作しない。また、黒板作成ツール等付属のツールが提供されている場合や料金体系も様々であり、導入にあたっては開発会社に確認する必要がある。なお、全ての撮影ツールと写真管理ソフトウェアの互換性確保に向け、入出力データ仕様の共通化が現在進行中であることを確認している。

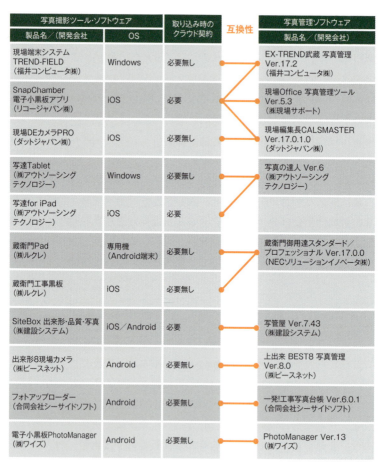

図② 電子小黒板対応ソフトウェアの互換性
（未発売の製品および自動振り分け機能未対応の製品を除く）

従来方式との混在（活用が難しい工種や条件）

　国土交通省に確認したところによると、2017年2月1日以降に入札手続きを行う工事では、特記仕様書に「デジタル工事写真の小黒板情報電子化」について記載されるが、それ以前の契約済み工事でも活用でき、どちらも監督職員の承諾が必要となっている。また活用する場合も工事の全ての工種が必須ではなく、部分的な活用を認めている。また不測の事態により撮影できない場合は、従来方式（物理的小黒板利用）の撮影を併用することも認めている。以下に活用が難しい工種や条件を示す。

- スマートデバイスのカメラ性能に依存するため照明不足のトンネルや地下、夜間の利用は厳しい。
- 湿気や粉塵の多い場所では故障したり、鮮明な写真が撮影できない場合がある。
- 耐衝撃性能を有するデバイスは限定的で、一般的に小型・薄型なので、破損しやすい。

電子納品への対応

　電子小黒板を採用した工事写真については、その全てを信憑性チェックツール（「信憑性の担保」P164を参照）にかけ、信憑性確認結果のCSVファイルを電子納品する必要がある。同CSVファイルの保管場所や提出方法については、監督職員と協議し、決定した内容を工事打合せ記録簿に残しておかなければならない。日建連としては信憑性確認結果のCSVファイルを保管する場合に電子納品チェックシステムでエラーとならないように、一つの例として「DISK1／PHOTO／PIC」フォルダに保管することを推奨する。

電子小黒板　完全ガイド
国土交通省写真管理基準（案）完全準拠

２０１７年１２月２０日発行

編著者	i-conリサーチセンター
発行者	和田　恵
発行所	株式会社　日刊建設通信新聞社
	〒１０１－００５４
	東京都千代田区神田錦町３－１３－７
	ＴＥＬ　０３（３２５９）８７１１
	ＦＡＸ　０３（３２５９）８７３０
制作協力	株式会社　ルクレ
デザイン	ＰＬＵＳＴＵＳ＋＋（柴田尚吾）
印刷・製本	株式会社　シナノパブリッシングプレス